非线性材料的微波传感理论

FEIXIANXING CAILIAO
DE
WEIBO CHUANGAN
LILUN

李少华 著

化学工业出版社

·北京·

内容简介

本书主要利用里德堡原子半径大、辐射寿命长、跃迁偶极矩大和极化率大等特性，通过里德堡电磁诱导透明实现可溯源到国际标准单位制的微波传感器的构建。首先，通过微波-光学的激发方法实现里德堡原子 $P_{3/2}$ 和 $F_{7/2}$ 系列量子亏损的测量；其次，利用多载波调制技术精确测量里德堡相干光谱的 Autler-Townes 分裂，并通过光学谐振腔与里德堡原子的强耦合效应进一步提高里德堡态相干光谱的信噪比；最后，通过构建多种能级结构的里德堡原子系统，利用多微波辅助的量子相干效应，实现弱场条件下里德堡原子相干光谱分辨率的提升。

本书的特色是提出多载波调制技术，实现光场噪声的有效抑制。首次在实验上采用光学谐振腔与里德堡原子的强耦合效应实现了微波场强度的精确测量；并利用多微波辅助的量子相干效应实现弱微波场强度的高效检测。

本书可以作为高等院校从事原子分子物理、微波传感、量子通信等相关领域研究人员的参考用书，对有关专业技术人员也有一定的参考价值。

图书在版编目（CIP）数据

非线性材料的微波传感理论 / 李少华著. --北京：化学工业出版社，2024.7. --ISBN 978-7-122-45854-4

Ⅰ. TP732

中国国家版本馆 CIP 数据核字第 2024762ZC1 号

责任编辑：严春晖　金林茹　　　　装帧设计：王晓宇
责任校对：宋　玮

出版发行：化学工业出版社
　　　　　（北京市东城区青年湖南街 13 号　邮政编码 100011）
印　　装：北京天宇星印刷厂
710mm×1000mm　1/16　印张 8½　字数 145 千字
2024 年 9 月北京第 1 版第 1 次印刷

购书咨询：010-64518888　　　　　　售后服务：010-64518899
网　　址：http://www.cip.com.cn
凡购买本书，如有缺损质量问题，本社销售中心负责调换。

定　　价：98.00 元　　　　　　　　版权所有　违者必究

前言
PREFACE

量子相干是光与原子相互作用的量子干涉问题，在量子光学发展过程中备受人们的关注。量子相干效应主要有相干布居俘获、电磁诱导透明、无反转激光和受激拉曼绝热转移等。通过电磁诱导透明效应可以有效操控介质的吸收和色散特性，基于电磁诱导透明效应还可以实现光速减慢和光存储。因此，电磁诱导透明效应被广泛地应用在非线性光学、高精密光谱、量子态操控和量子信息存储等研究领域。

近年来，由于微波具有定向传播、准光学特性和传输特性好等优势，在雷达通信、雷达探测和航空航天等领域发挥着重要的作用。微波场的强度和相位测量是微波场使用过程中的两个重要参数，尤其在雷达通信和航空航天等领域，通过发射和接收微波场携带的信息可以有效实现信息的传输，在此过程中对微弱信号的高效测量尤为重要。在雷达探测过程中，通过测量微波场相位的变化可以对目标物体位置实现实时跟踪。此外，通过对微波场进行精确测量，可以将其应用于固体材料的微波光学性质研究、电场强度控制、高分辨天气雷达以及生物医学成像等领域。偶极天线等传统的微波测量技术测量精度较低、测量灵敏度不高，已无法满足目前微波测量的精度要求。因此，开发新型高效的微波测量技术，加快微波天线和微波器件的设计与开发是目前微波测量领域急需解决的问题。

里德堡原子是指原子中的一个电子被激发到高量子态的高激发态原子，具有半径大、辐射寿命长、跃迁偶极矩大和极化率大等特点，是原子分子光物理领域的一个重要研究方向。利用里德堡原子电磁诱导透明效应可以获得高分辨率的里德堡相干光谱，利用里德堡原子对外场的高灵敏性，通过里德堡电磁诱导透明可以实现可溯源到国际标准单位制的微弱外场测量。本书主要有以下几方面内容。

① 介绍里德堡原子的一些基本性质和制备方法，通过研究外场作用时里德堡原子的变化介绍里德堡原子的相关应用。重点介绍里德堡原子在里德堡 EIT 光谱、微波场强度测量、里德堡态跃迁能量以及量子亏损测量等方面的研究进展。

② 建立多能级里德堡原子系统的模型，通过密度矩阵求解该系统处于平衡状态时的稳态解，获得里德堡原子的极化率。理论构建基于光学谐振腔的里德堡原子系统，通过理论计算发现该系统相比于无腔的情况，相干效应得到有效增强。理论分析里德堡跃迁频率与量子亏损的关系，根据不同里德堡态的共振跃迁频率获取相应能级的量子亏损。

③ 利用微波-光学的激发方法测量 $P_{3/2}$ 和 $F_{7/2}$ 系列里德堡态的量子亏损。通过频率失谐的光场和微波场激发原子获得 $nP_{3/2}$ 和 $nF_{7/2}$ 里德堡态相干光谱，该激发方式可以有效抑制原子介质对探测场的吸收，在共振位置实现透明。详细研究微波场强度对里德堡电磁诱导透明光谱透射峰幅度和半高全宽的影响，和理论计算相吻合。利用实验测得的里德堡态跃迁频率与微波场强度的关系，通过外推法获得微波场强度为零时 $nP_{3/2}$ 和 $nF_{7/2}$ 态的共振跃迁频率，获得对应能级的量子亏损。

④ 利用多载波调制技术精确测量里德堡相干光谱的 Autler-Townes 分裂。将弱探测光、强耦合光和微波场共同作用在充有铷原子的样品池上，获得里德堡态的相干光谱。研究微波场频率对里德堡相干光谱的影响，通过频率调制和幅度调制相结合的多载波调制技术有效提高相干光谱的信噪比。利用该里德堡相干光谱可以实现微波场强度的精密测量。

⑤ 通过光学谐振腔与里德堡原子的强耦合效应进一步提高里德堡态相干光谱的信噪比。自行设计和搭建大自由光谱区、高精细度的四镜环形光学谐振腔。将铷原子蒸气池置于光学谐振腔内，通过扫描探测光频率来获得腔辅助里德堡态电磁诱导透明光谱。研究了原子密度、耦合光强度对里德堡态电磁诱导透明光谱的影响，根据微波场测量机制，获得最优化的耦合光强度。将微波场引入该原子系统，通过腔辅助里德堡相干光谱实现微波场强度的测量。

⑥ 通过构建多种能级结构的里德堡原子系统，获得高分辨率的里德堡原子相干光谱。利用双光子跃迁获得里德堡原子，通过两个不同的微波场与里德堡原子相互作用获得的相干光谱，研究系统中 Autler-Townes 效应和相干布居转移效应的基本特性，分析微波场功率和频率对相干光谱的影响。在最优的实验参数下，可以将相干布居转移效应的转移效率提升至约 2.9%。

⑦ 利用多微波辅助的量子相干效应，实现弱场条件下里德堡原子相干光谱分辨率的提高。研究两个微波场的功率对弱场条件下里德堡原子相干光谱分辨率的影响，获得最优实验参数。在辅助微波场和目标微波场的最优功率比值区间内，通过高分辨率的里德堡原子相干光谱实现低于 $0.20\text{mV} \cdot \text{cm}^{-1}$ 的目

标微波场电场强度的有效测量。该方法的最小可测量场强约为 $6.71\mu\mathrm{V}\cdot\mathrm{cm}^{-1}$，与无辅助微波场的情况相比，提高约 33 倍。

本书是笔者在光与原子相互作用、原子微波传感领域研究成果的有机结合，研究内容受到山西省高等学校科技创新计划项目（2023L411）和山西工程科技职业大学的资助，在此表示感谢。

限于笔者水平，书中难免有疏漏和不妥之处，恳请读者和各位专家批评指正。

著者

目录

CONTENTS

第1章

绪论

1.1 里德堡原子

1.1.1 碱金属里德堡原子的基本性质及制备

里德堡原子是指在原子核外至少有一个电子被激发到高量子态的高激发态原子。由于里德堡原子具有较大的主量子数 n，最外层的电子与原子核的距离较远，这使得原子核和内层的电子可以整体看作是一个带正电荷的原子实，价电子被弱束缚在原子核上。1890 年，瑞典物理学家 J. R. Rydberg 在氢原子能级公式的基础上，给出了适用于碱金属里德堡原子的能量公式[1]：

$$E_{nl} = -\frac{R}{(n-\delta_{nl})^2} = -\frac{R}{n^{*2}} \tag{1.1}$$

式中，R 是里德堡常数，$R = \frac{Z^2 e^4 m_u}{(4\pi\varepsilon_0 \hbar)^2}$；$\delta_{nl}$ 为量子亏损值；n^* 是有效的主量子数，$n^* = n - \delta_{nl}$。

对于碱金属原子，原子核的最外层只有一个电子，可以将其看做是由带正电的原子实和价电子组成。从式(1.1)可以看出，里德堡原子对应能级之间的频率间隔与 n^2 成反比，也就是随着原子主量子数 n 的增大，对应能级之间的频率间隔逐渐减小。根据原子的能级公式(1.1)可以计算出不同里德堡态跃迁的跃迁频率，图 1.1 的（a）和（b）分别为铷原子 $n\mathrm{D}_{5/2} - (n+1)\mathrm{P}_{3/2}$ 和 $n\mathrm{D}_{5/2} - (n-1)\mathrm{F}_{7/2}$ 的跃迁频率。从图中可以看到当主量子数 $n \to \infty$ 时，里德堡原子能态之间的能级间隔会逐渐趋于零。

对于里德堡原子的轨道半径，可表示为：

$$r_n = \frac{4\pi\hbar^2 n^2}{m_e e^2} = a_0 n^2 \tag{1.2}$$

式中 m_e 是电子的质量；$\hbar$ 是普朗克常数；a_0 为波尔半径。根据公式可知里德堡原子的轨道半径与 n^2 成正比。

此外，里德堡原子具有较长的寿命（约 n^3），当不受外界环境或外场干扰的情况下，里德堡原子的寿命主要受自发辐射和黑体辐射效应两个因素的

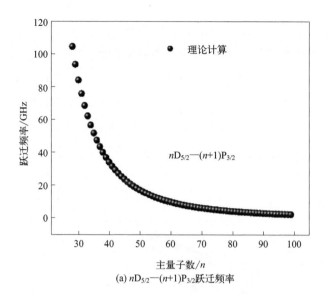

(a) $n\text{D}_{5/2}$—$(n+1)\text{P}_{3/2}$跃迁频率

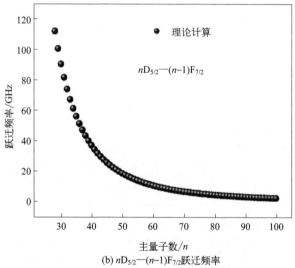

(b) $n\text{D}_{5/2}$—$(n-1)\text{F}_{7/2}$跃迁频率

图 1.1 铷原子相邻里德堡态的跃迁频率

影响，可以用如下公式[1,2] 表示：

$$\frac{1}{\tau}=\frac{1}{\tau^{(0)}}+\frac{1}{\tau^{(\text{bb})}} \tag{1.3}$$

式中，$\tau^{(0)}$ 为 0K 温度下的辐射寿命；$\tau^{(\text{bb})}$ 是温度为 T 时黑体辐射对里德堡原子寿命的影响，可近似表示为：

$$\tau^{(\text{bb})} = \frac{3\hbar n^2}{4\alpha^3 k_B T} \tag{1.4}$$

式中 α 为精细结构常数；k_B 为玻尔兹曼常数。

图 1.2 是温度在 300K 时，铷原子不同里德堡态的寿命[3]，横坐标为有效的主量子数。其中（a）图是 $n\mathrm{S}_{1/2}$ 态（$n=28\sim45$）的寿命，图（b）是 $n\mathrm{P}_{3/2}$ 态（$n=34\sim44$）的寿命，图（c）是 $n\mathrm{D}_{5/2}$ 态（$n=29\sim44$）的寿命。

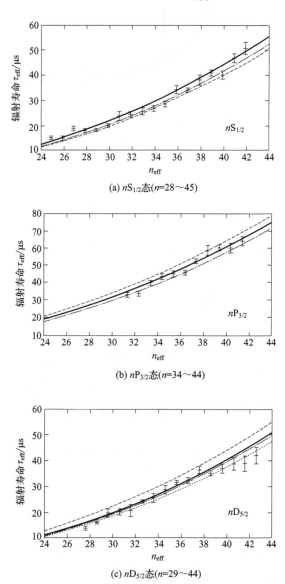

(a) $n\mathrm{S}_{1/2}$态($n=28\sim45$)

(b) $n\mathrm{P}_{3/2}$态($n=34\sim44$)

(c) $n\mathrm{D}_{5/2}$态($n=29\sim44$)

图 1.2　铷原子里德堡态的辐射寿命[3]

图中黑色的点代表实验测量结果，四条不同的曲线均是基于黑体辐射率，代入不同参数值的计算结果[4-7]。从图中可以看到，随着有效主量子数 n_{eff} 的增加，对应的里德堡态寿命也逐渐变长，实验测量结果与理论计算结果基本一致。

里德堡原子的跃迁偶极矩、极化率等特性也与主量子数 n 相关[1]，见表 1.1。里德堡原子间具有较大的偶极-偶极相互作用（约 n^4）和强的范德瓦尔斯相互作用（约 n^{11}），可以产生里德堡原子的阻塞效应[8,9]，在阻塞半径范围内只能激发一个里德堡原子，其他在此范围内的基态原子由于强的范德瓦尔斯相互作用，很难被激发到里德堡态，基于此，里德堡原子可以应用在量子逻辑门、量子模拟器、量子中继器、量子纠缠态和量子信息研究等领域[10-13]。此外，里德堡原子具有大的跃迁偶极矩（约 n^2）和较大的极化率（约 n^7），使得它对外场敏感，可以用于微弱电磁场的测量[14-17]。

表 1.1　里德堡原子基本性质与其有效主量子数的关系

属性	符号	与 n 的关系
半径	r	n^2
辐射寿命	τ	$n^3(n>l)$ $n^5(n\approx l)$
能级	E_n	n^{-2}
极化率	α	n^7
电离场	E_I	n^{-4}
偶极-偶极相互作用系数	C_3	n^4
范德瓦尔斯相互作用系数	C_6	n^{11}
基态到里德堡态的跃迁偶极矩	$\|<g\|-er\|n^*l>\|$	$n^{-3/2}$
相邻里德堡态的跃迁偶极矩	$\|<n^*l\|-er\|n^*l'>\|$	n^2

早期里德堡原子的制备主要采用电子碰撞或电荷交换等方式，将原子从基态激发到里德堡态，该方法存在可选择性差和操作复杂等局限性，因此很难获得精准的里德堡能级信息。二十世纪，随着激光器的发明和激光技术的不断发展，频率可调谐的窄线宽激光器的商用化，使得可控里德堡态激发成为可能。光学激发是制备里德堡原子最直接和有效的方法。一般有单步激

发、两步激发和三步激发的三种方式。

以碱金属铷原子为例，三种里德堡原子的光学激发方式见图 1.3。图 1.3(a) 是单步激发方式，通过波长为 297nm 的紫外光将原子从基态 $5S_{1/2}$ 直接跃迁至 $nP_{1/2,3/2}$ 或者 $nF_{5/2,7/2}$ 里德堡态[18-20]。图 1.3(b) 是最常用的两步激发方式，首先通过 780nm 激光将原子由基态 $5S_{1/2}$ 激发至 $5P_{3/2}$ 激发态，再通过 480nm 激光将原子从激发态 $5P_{3/2}$ 激发到 $nS_{1/2}$（$nD_{3/2,5/2}$）态[21-24]。图 1.3(c) 是三步激发方式，主要是通过增加跃迁过程中的中间态，获得预期的里德堡态。在两步激发的基础上引入微波场，将原子由 $nS_{1/2}$ 里德堡态激发到相邻的 $nP_{1/2,3/2}$ 里德堡态，或者由 $nD_{5/2}$ 里德堡态激发到相邻的 nP（nF、nG 或 nH）里德堡态，微波场频率一般在 GHz 量级[25-32]。三步激发还可以通过三束激光将原子由基态连续激发至里德堡态。仍然以铷原子为例，首先采用 780nm 激光将原子由基态 $5S_{1/2}$ 激发到第一个中间态 $5P_{3/2}$，再利用 776nm 激光将原子从中间态 $5P_{3/2}$ 激发到第二个中间态 $5D_{5/2}$，最后通过 1256nm（1260nm）激光将原子激发至 $nP_{3/2}$（$nF_{7/2}$）里德堡态[33,34]。

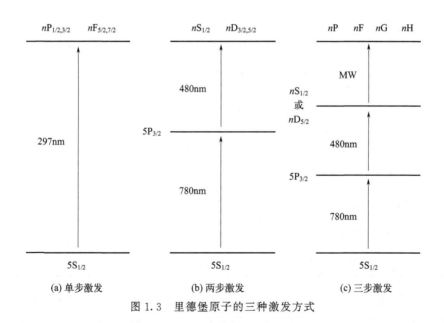

图 1.3 里德堡原子的三种激发方式

单步激发方式实验操作简单，但是相应两个态之间的跃迁偶极矩相对较小，会导致跃迁概率较低，因此跃迁过程需要的激光功率比较大。另外，单步激发所需要的紫外激光器价格比较昂贵，因此通过单步激发制备里德堡态原子的相关报道较少。相比于两步或者三步激发方式，单步激发方式可以减少激发过程中中间态对里德堡态的影响，因此单步激发具有一定的优势。对于多步激发方式，激光光源波长在可见或者红外区域，此波段激光器基本商用化，实验中可以采用多参数调节实现可控里德堡态的制备。

对于里德堡原子的探测，主要有荧光探测、吸收光谱和场电离等方法。荧光光谱是通过光电倍增管（或者雪崩二极管）探测原子从里德堡态自发辐射到基态时所产生的荧光信号[36-38]。在这个过程中由于涉及多个原子的能级，存在不能有效控制辐射通道比的局限。吸收光谱是通过激光和里德堡原子相互作用，利用光谱仪获取里德堡原子信息[39]，但该方法受到光谱信噪比和光谱仪分辨率的影响。由于里德堡原子具有较大的跃迁偶极矩和较大的极化率，它的外层电子极易被电离。场电离就是通过对里德堡原子施加额外的电场，使得里德堡原子发生电离，通过飞行时间法探测微通道板的里德堡原子信息[40,41]。场电离方法具有很高的灵敏度和探测效率，但是对于里德堡原子该方法是一种破坏性测量。

电磁诱导透明（EIT）效应是一种典型的量子相干效应，在光和原子相互作用中可以有效地控制介质的吸收和色散特性，基于 EIT 效应的光谱具有窄线宽、高灵敏和可操控的优势，可以用于里德堡原子的探测[42]。图 1.4(a) 是利用单步激发实现铷原子 $5S_{1/2}$—$37P_{1/2,3/2}$ 跃迁的相关能级图以及对应的里德堡态的光谱。实验中为了探测里德堡原子的信息，通常需要额外引入一束 780nm 激光，将铷原子从基态 $5S_{1/2}$ 激发到 $5P_{3/2}$ 态，通过探测经过铷原子样品池的 780nm 激光，获取基态原子布居数变化的信息，从而实现里德堡态的探测[19]。图 1.4(b) 是利用两步激发获得的里德堡态铷原子的能级图以及对应的里德堡 EIT 光谱。通过 780nm 激光将原子从基态 $5S_{1/2}$ 激发到中间态 $5P_{3/2}$，再通过 480nm 激光将原子从中间态 $5P_{3/2}$ 激发到 $38S_{1/2}$ 里德堡态，改变探测光的频率获取里德堡态 EIT 光谱[35]。

1.1.2 外场中的里德堡原子

里德堡原子具有大的原子半径（约 n^2）、长的辐射寿命（约 n^3 或者约 n^5）、小的能级间隔（约 n^{-2}）、大的跃迁偶极矩（约 n^2）、大的范德瓦尔斯相互作用（约 n^{11}）和大的极化率（约 n^7）等特性。由于里德堡原子的半径较大，最外层的电子相对于内部的原子实距离较远，库仑相互作用力较弱，

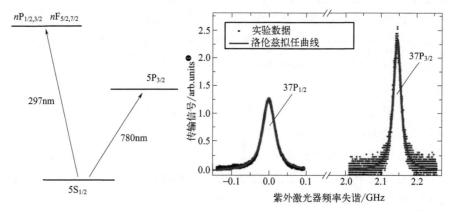

(a) 利用单步激发实现铷原子5S$_{1/2}$—37P$_{1/2,3/2}$跃迁的相关能级图以及对应的里德堡态的光谱[19]

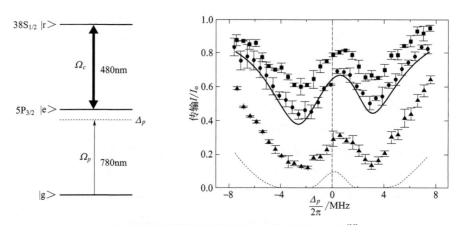

(b) 铷原子两步激发的能级图以及对应的里德堡EIT光谱[35]

图1.4　单步激发与两步激发实现铷原子能级跃迁

里德堡原子大的极化率使其对外场极其敏感，容易受到外场的扰动。比如对于基态的氢原子，它的外层电子处在约为10^9 V/cm 场强中（原子核产生），如果对其再施加 5V/cm 的额外电场，氢原子未受到额外电场的影响，但是主量子数大于等于 100 的高激发态里德堡原子会发生明显电离。通过里德堡原子可以实现对外场的灵敏测量，因此外场中里德堡原子的特性研究也是里德堡原子的一个重要研究领域。

通常情况下，对于里德堡原子的外场特性研究主要包括电场和磁场的影响。由于里德堡原子的能级结构和氢原子的能级结构类似，对于场中里德堡

❶ arb. units 为 arbitrary units 缩写，意为任意单位。

原子性质的认识主要是通过分析比较与氢原子之间的差异实现的。在忽略自旋轨道耦合和核自旋情况下，电场中氢原子的哈密顿量可以表示为[43]：

$$H = \frac{1}{2}p^2 - \frac{1}{r} + Fz \tag{1.5}$$

电场作用下的氢原子只需要考虑库仑势以及静电势，在抛物坐标系下可以通过微扰论精确求出解析解：

$$E_{n,n_1,n_2} = -\frac{1}{2n^2} + \frac{3}{2}n(n_1 - n_2)F \tag{1.6}$$

所以氢原子的电场特性可以从理论分析中直接得到[43]。对于里德堡原子的电场特性，可以考虑量子亏损的影响，再结合氢原子的特性进行分析。

电场的研究主要集中在静电场和微波场的研究。Stark 效应是静电场作用下里德堡原子研究的一个热点方向[44-46]，它是指静电场中原子能级分裂的现象。根据里德堡原子对不同强度外部电场的响应，将电场的强弱分为三个区域。①l 混合区（l 为角量子数），$En^2 < 1/n^3$，式中 E 为电场的强度。在这个场强范围内，外场的作用强度很小，此时原子实的作用势占主要地位，这种情况和氢原子类似。②n 混合区，$En^2 \geqslant 1/n^3$。在这个范围内由于电场作用和原子实的作用基本相同，因而产生了能级交叉或反交叉现象。③场电离区，当有外场存在时，库仑势会发生畸变，此时在施加的总势能中会出现一个势垒鞍点，也就是经典电场电离阈值，$E_c = -2E^{1/2}$。当 $E < E_c$ 时，价电子是被束缚的，而当 $E > E_c$ 时，价电子则会成为自由电子。

对于微波场，微波一般是频率 3～30GHz 范围的电磁波。对于里德堡原子，相邻的里德堡态之间的跃迁频率均在微波频率范围内，利用微波场可以实现相邻里德堡态之间的跃迁[1]。微波的技术相对成熟，高功率的微波源已经实现商用化，它的功率完全可以满足不同的相邻里德堡态跃迁的要求。目前，微波场作用的里德堡原子系统在里德堡原子常数测量、微波场特性测量和量子通信等领域被广泛研究[47-50]。

二十世纪，人们开始关注磁场与里德堡原子的相互作用，利用里德堡原子证实了在强磁场条件下里德堡原子的反磁特性[51,52]。电子在磁场中的总哈密顿量可以表示为[53]：

$$H = H_0 + H_p + H_d + H_s + H_{hfs} \tag{1.7}$$

式中 H_0 为没有磁场时的哈密顿量；H_p 为顺磁项；H_d 为反磁项；H_s 为自旋轨道项；H_{hfs} 为超精细项。这些哈密顿量分别可以表示为：

$$\boldsymbol{H}_p = \frac{1}{2}\alpha(\boldsymbol{L}+g_s\boldsymbol{S})B$$

$$\boldsymbol{H}_d = \frac{1}{8}\alpha^2 B^2 r^2 \sin^2\theta$$

$$H_s = \boldsymbol{\xi}(r)\boldsymbol{LS}$$

$$\boldsymbol{H}_{hfs} = A(\boldsymbol{I}\cdot\boldsymbol{J})+\frac{1}{2}\alpha g_I\boldsymbol{I}B \qquad (1.8)$$

式中，r 是电子相对于原子实的径向坐标；α 是精细结构常数；g_s 和 g_I 分别是电子自旋以及核自旋的朗德 g 因子；$\boldsymbol{\xi}(r)$ 是径向自旋轨道算符；A 是超精细结构常数。$\boldsymbol{L}$，$\boldsymbol{S}$，$\boldsymbol{J}$ 以及 $\boldsymbol{I}$ 分别代表电子的轨道角动量，电子的自旋，总角动量以及核自旋。

　　磁场中里德堡原子的研究内容主要集中在抗磁谱结构[54,55]、运动 Stark 效应[56,57] 和组态作用[58,59] 等领域。如山西大学贾锁堂教授小组研究了里德堡 EIT 光谱对探测光偏振和耦合光场幅度的依赖性[60]，并进一步研究了施加外部磁场时，探测光和耦合光场不同左旋和右旋偏振组合对 EIT 光谱的影响，如图 1.5 所示，实验测量结果与理论计算非常吻合。

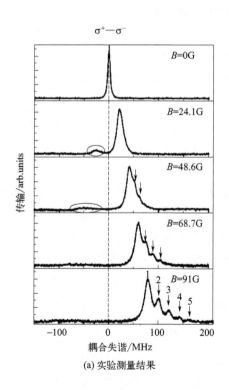

(a) 实验测量结果

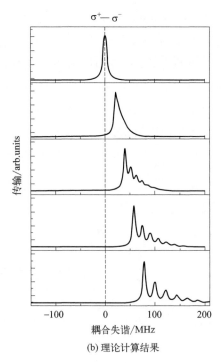

$\sigma^+ - \sigma^-$

传输/arb.units

−100   0   100   200

耦合失谐/MHz

(b) 理论计算结果

图 1.5   里德堡 EIT 光谱随磁场强度（0～91G）的变化[60]

1.1.3   里德堡原子的应用

基于以上论述，因里德堡原子具有大的原子半径、长的辐射寿命、小的能级间隔、大的跃迁偶极矩、强的范德瓦尔斯相互作用和大的极化率等特点，引起了科研工作者的极大关注。目前里德堡原子被广泛应用在电磁场传感、相干光制备、量子器件、经典通信和量子计算等领域。本小节主要介绍里德堡原子在相干光制备、经典通信、量子器件领域中的应用。

① 里德堡原子在相干光制备方面的应用。利用里德堡原子通过四波混频效应可以实现多种波长相干光的制备。新加坡国立大学的 W. Li 小组利用里德堡原子制备了紫外相干光[61]。实验中相关能级图、实验装置和原子密度对紫外激光输出的影响分别见图 1.6(a)、（b）和（c），使用 780nm 和 515nm 的两束连续激光将 ^{85}Rb 原子通过双步激发，从基态 $5S_{1/2}$（$F=3$）激发到 $10D_{5/2}$ 里德堡态。里德堡原子通过自发辐射从 $10D_{5/2}$ 态跃迁到 $11P_{3/2}$ 态，两个态之间的频率差为 3.28THz，通过探测 $11P_{3/2}$ 态到 $5S_{1/2}$（$F=3$）自发辐射的信号，获取里德堡态的相关信息，并且获得了 311nm 的准直紫外相干光。实验还研究了里德堡原子密度对紫外相干光功率的影响，

见图 1.6(c)。该方案为制备窄带太赫兹波（深紫外）光源提供了技术基础。

　　微波和太赫兹的频率波段一般在 3GHz～3THz 范围内。由于里德堡原子主量子数比较大，能级间距相对比较小，相邻里德堡能级的跃迁频率基本在兆赫兹至太赫兹范围内，恰好与微波和太赫兹的波段相近，因此利用微波或者太赫兹波与里德堡原子相互作用，可以制备所需波长的相干光。2018年，新加坡 W. Li 小组在超冷 ^{87}Rb 原子系统中，通过六波混频实现了微波场到光场的转化[62]。图 1.7(a) 和（b）分别是实验相关的能级和装置图，

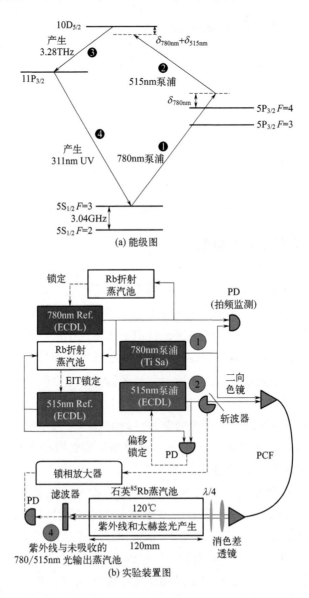

(a) 能级图

(b) 实验装置图

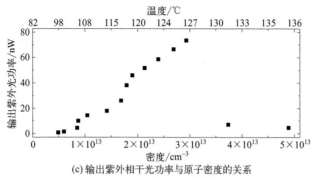

(c) 输出紫外相干光功率与原子密度的关系

图 1.6　基于里德堡原子制备紫外相干光的实验[61]

图（c）和（d）分别是输出相干光功率和微波-相干转化效率与微波场强度的关系。实验发现微波场强较低时，转换带宽大于 4MHz，转化效率可以达到约 0.3%，另外这种转换可以将微波场的相位信息相干转移到光场。之后，该研究小组通过改变微波场的传输方向来优化实验参数，将转化效率进一步提高到约 5%[50]。综合上述，利用微波和太赫兹波与里德堡原子相互作用也是实现相干光场制备的有效途径。

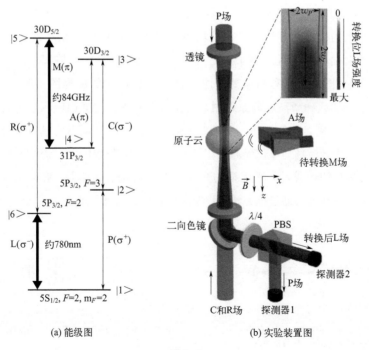

(a) 能级图　　　　　(b) 实验装置图

图 1.7

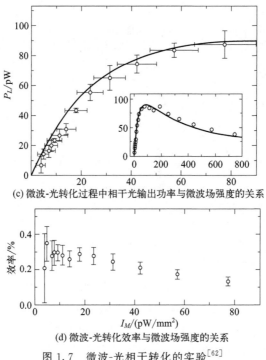

(c) 微波-光转化过程中相干光输出功率与微波场强度的关系

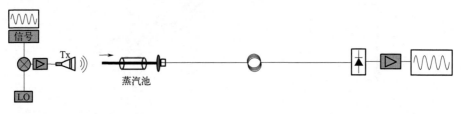

(d) 微波-光转化效率与微波场强度的关系

图 1.7　微波-光相干转化的实验[62]

　　② 利用里德堡原子进行经典通信的研究。里德堡原子由于具有大的跃迁偶极矩和大的极化率等特点，对外场极其敏感，可用于通信。2018 年，新西兰奥塔哥大学 A. B. Deb 小组将铷原子作为灵敏的光学接收器实现了光纤无线电通信[63]。图 1.8 是利用里德堡原子进行信息传输的原理图。图 1.8(a) 是将基带信号加载到微波场的原理图，图 1.8(b) 是利用里德堡原子进行经典通信的原理图。这个方案依赖于里德堡原子的 EIT 效应，通过将基带信息加载到微波场，利用微波场与里德堡原子相互作用，在光频域中对基带信息进行编码。携带基带信息的光通过几乎无损的光纤，连接到光电探测器，在光电探测器中检索信号。实验证明通过该方法可以实现的最大信号带宽限制为 1.1MHz。

(a) 基带信号与本地振荡器(LO)混合并　　　　　　(b) 基于里德堡原子的光载无线通信原理图
通过发射器天线(Tx)辐射到自由空间

图 1.8　基于里德堡原子信息传输的原理图[63]

随后，中国计量科学研究院宋振飞教授小组研究了利用里德堡原子在非共振的连续可调射频载波上扩展经典通信的可行性[64]。图 1.9 是利用铷里德堡原子经典通信的原理和结果图。图 1.9（a）是实验相关的能级和装置图。图 1.9（b）是相对于微波共振频率 10.22GHz，微波频率在 0、−20MHz、20MHz、−50MHz 和 50MHz 失谐时光电探测器的信号幅度。实验表明 500kb/s 速率的经典通信在 10.22GHz 载波附近的 200MHz 可调带宽内误码率较低，超过这个范围，误码率会增加。相关研究结果对于利用宽带射频载波进行通信提供了实验基础，这对利用同一里德堡态进行多通道同步信息传输具有很重要的意义。

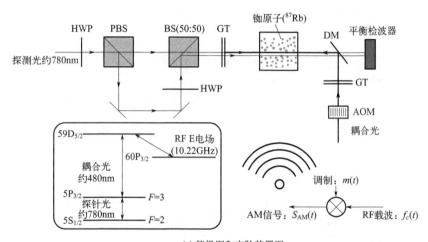

(a) 能级图和实验装置图

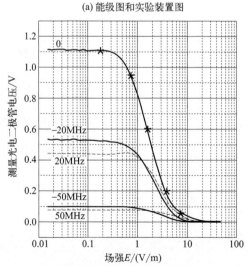

(b) 不同微波场频率失谐时，探测器的信号幅度变化

图 1.9　基于里德堡原子的通信[64]

③ 基于里德堡原子的量子器件研究。人们利用里德堡原子微波场强度的测量原理，提出了对天线增益和相位测量的方案。天线是无线通信中的重要组成部分，充当自由空间发射或接收系统之间的换能器。作为天线的一个关键参数，天线增益用于衡量天线在给定方向上优先发射或接收能量的程度，有限范围增益对于在有限范围内建立标准电场十分重要。2017 年，中国计量科学研究院宋振飞教授小组利用里德堡铷原子精确测量了喇叭天线的增益[65]。图 1.10(a) 是天线增益测量的实验装置示意和测量结果。这个方法基于高激发的碱金属里德堡铷原子与被测天线辐射电场的相互作用。通过

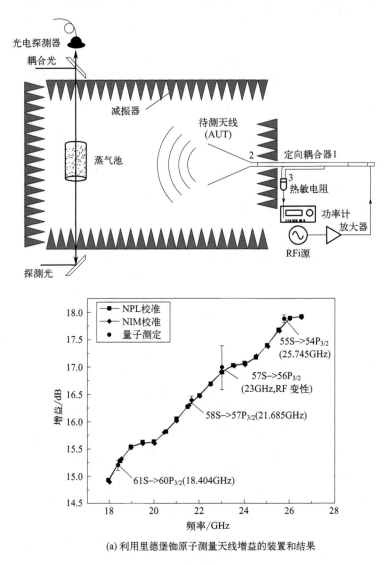

(a) 利用里德堡铷原子测量天线增益的装置和结果

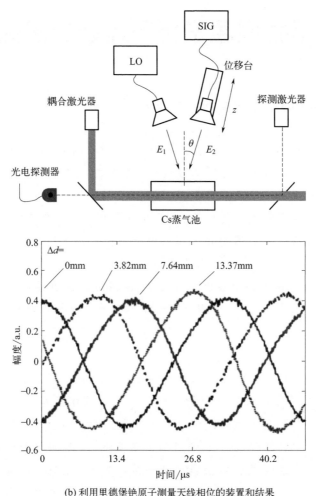

(b) 利用里德堡铯原子测量天线相位的装置和结果

图 1.10   利用里德堡原子对天线增益和相位的测量[65][66]

里德堡原子测量的电场与微波功率计测量的电场类比计算可以获得待测天线的增益，测量结果与传统校准比较一致。

2019 年，美国科罗拉多大学 M. T. Simons 小组提出了一种利用里德堡铯原子精确测量微波场相位变化的方案[66]。图 1.10(b) 是实验装置示意和测量结果。这个方案的原理是利用里德堡原子作为混频器，将 20GHz 的微波场下变频到千赫兹量级的中频。中频的相位直接对应于微波场的相位。改变其中一个天线的位置，利用天线与里德堡原子传感器之间距离的差异实现微波场相位的测量。通过实验发现基于里德堡原子的微波相位测量能够使微波的传播常数的测量精度达到理论值的 0.1% 以内。

1.2 里德堡原子相干光谱的研究进展

1.2.1 基于微波场辅助的里德堡 EIT 光谱

电磁诱导透明（EIT）效应是一种典型的量子相干效应，在光和原子相互作用中可以有效地控制介质的吸收和色散特性，基于 EIT 效应的光谱具有窄线宽、高灵敏和可操控的优势。里德堡原子具有大的原子半径、长的辐射寿命、小的能级间隔、大的跃迁偶极矩和大的极化率等特点。研究里德堡原子的 EIT 效应，获取高分辨的里德堡原子相干光谱对于研究里德堡的能级结构以及精密测量微弱外场具有很重要的实用价值。

2003 年，美国弗吉尼亚大学 T. F. Gallagher 小组在冷的铷里德堡原子系统中，利用微波跃迁光谱测量了 nS、nP 和 nD 等里德堡态的量子亏损[67]。图 1.11(a) 是该小组在实验上获得的铷原子系统中的微波跃迁光谱，图 1.11(b) 是 nS 里德堡态的量子亏损。2011 年，英国杜伦大学 C. S. Adams 小组发现微波缀饰里德堡原子可以增强原子间的相互作用，并且通过使用微波场可以控制里德堡极化子之间的相互作用时间[25]。2012 年，美国俄克拉荷马大学 J. P. Shaffer 小组利用微波辅助的里德堡 EIT 光谱实现了微波场的强度测量[48]。通过两个光场和一个微波场与铷原子相互作用，利用里德堡相干光谱的 Autler-Townes 分裂（ATS）效应测量了微波场的强度，这种微波场的测量方法与传统的偶极天线测量方法相比，灵敏度提高了一个数量级。2014 年，丹麦奥胡斯大学 S. Sevinçli 小组理论上研究了微波缀饰里德堡原子间的相互作用[26]。模拟发现微波缀饰可以提供一种控制偶极和范德瓦尔斯相互作用的方法，甚至可以消除它们的影响。2016 年，韩国国立釜山大学 H. S. Moon 小组在阶梯型四能级铷原子系统中研究了里德堡原子与共振微波场相互作用，从两个角度数值分析了里德堡原子三光子相干光谱、里德堡 EIT-ATS 光谱和三光子电磁感应吸收光谱的特征[29]。此外，他们对里德堡 EIT 和 TPEIA 的 AT 分裂标准进行了理论研究。2018 年，弗吉尼亚大学 T. F. Gallagher 小组[31] 和新加坡国立大学的 W. Li 小组在冷原子系统中获得了高轨道角动量的里德堡 EIT 光谱[32]。这为更高里德堡态原子的研究提供了基础，推动了对里德堡分子态的进一步研究。

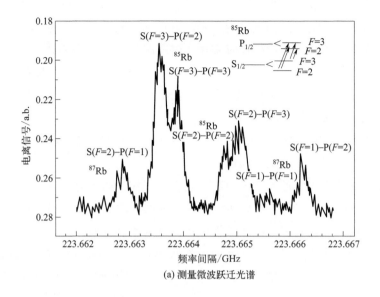

(a) 测量微波跃迁光谱

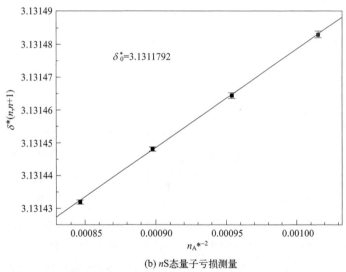

(b) nS 态量子亏损测量

图 1.11　实验测量的微波跃迁光谱与 nS 态量子亏损的测量[67]

1.2.2　基于里德堡 EIT 光谱的微波场强测量

近年来，微波由于具有定向传播、准光学特性和传输特性好等优势，在雷达通信、雷达探测和航空航天等领域发挥着重要的作用。微波场的强度和相位测量是微波场使用过程中两个重要参数，尤其在雷达通信和航空航天等领域，通过发射和接收微波场携带的信息可以有效实现信息的传输，在此过程中对微弱信号的高效测量尤为重要。在雷达探测过程中，通过测量微波场相位的变化可以对目标物体位置实现实时跟踪。此外，通过对微波场的精确测量，可以将其应用于固体材料的微波光学性质研究、电场强度控制、高分辨天气雷达以及生物医学成像等领域。偶极天线等传统的微波测量技术测量精度较低、测量灵敏度不高，已无法满足目前微波测量的精度要求。因此，开发新型高效的微波测量技术，加快微波天线和微波器件的设计与开发是目前微波测量领域急需解决的问题。

传统的微波场强度测量一般利用偶极天线作为探头对微波进行测量。这种方法主要有以下局限。①偶极天线探头在测量之前需要利用已知强度的电场进行校准，此确定强度电场的强度还需要被校准过的探头进行标定。②探头的尺寸和测量灵敏度均受微波波长的限制，一般要小于所测微波的波长。③偶极探头通常为金属材料，金属材料会使微波场强测量的不确定性增大。④通常该方法测量极限约为 $1\mathrm{mV/cm}$[68]，根据所测频段的不同，其测量不确定度一般在 $4\%\sim20\%$ 的范围，误差较大。此外，人们也采用铌酸锂[69]等材料的探头，该探头在某种程度上可以把测量极限降低到约 $100\mu\mathrm{V/cm}$，但是在测量之前仍然需要额外的校准。

里德堡原子具有大的跃迁偶极矩（n^2）和大的极化率（约 n^7）等特性，对外场极其敏感；相邻的里德堡原子态的能级间隔（n^{-2}）比较小，恰好在微波的频率范围内，利用微波场可以实现相邻里德堡态的耦合，因此通过里德堡原子可以实现微波电场的精密测量。图 1.12(a) 是利用里德堡原子进行微波场测量的能级图，780nm 的探测光将铷原子从基态 $5\mathrm{S}_{1/2}$ 激发到中间态 $5\mathrm{P}_{3/2}$，480nm 的耦合光将原子从中间态 $5\mathrm{P}_{3/2}$ 激发到 $53\mathrm{D}_{5/2}$ 里德堡态，通过引入微波场（利用一个标准增益天线辐射至原子蒸气池）与里德堡原子相互作用，将原子从 $53\mathrm{D}_{5/2}$ 态激发到相邻的 $54\mathrm{P}_{3/2}$ 态。图 1.12(b) 是实验装置的示意图，探测光（右）与耦合光（左）反向传输并在铷原子蒸气池中心重合，利用光电探测器探测通过蒸气池的探测光信号获取里德堡原子的信息。通过相干光谱的 AT 分裂测量微波场的强度。与传统的偶极天线相比，这个测量方法减少了金属材料对所测微波电场的影响。同时测量过程中不需要额外的校准，具有可溯源（普朗克常数）、频率响应范围大（10MHz～1THz）、自校准、精度高（约 $\mathrm{pV\cdot cm^{-1}}$）、不确定性小（无金属材料影响）以及便携性强等优势。

2014 年，美国俄克拉荷马大学 J. P. Shaffer 小组利用亚波长成像的方法

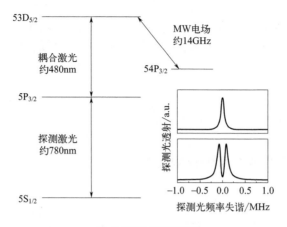

(a) 相关的铷原子能级图

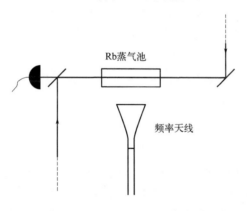

(b) 实验装置示意图

图 1.12　利用里德堡原子微波电场测量的实验[48]

实现了微波场的强度测量[70]。在微波场频率为 6.9GHz 时，这个方法的空间分辨率约为 $66\mu m$。通过电磁感应透明性同时使用 Cs 和 Rb 里德堡原子进行偶极矩评估和射频电场测量。2016 年，美国国家技术标准局 C. L. Holloway 同时使用 Cs 和 Rb 里德堡原子进行偶极矩评估和微波电场测量，这样的双重实验有助于量化这种电场计量方法，在建立电场强度的国际测量标准时具有重要意义[71]。2017 年，美国 J. P. Shaffer 小组利用 Mach-Zehnder 干涉仪实现了微波场强度的测量[72]，测量灵敏度约为 $5\mu V/(cm \cdot \sqrt{H8})$。之后很多研究小组也开展了微波场强度测量的工作[30,73-80]。2020 年，山西大学贾锁堂教授小组利用超外差技术突破了之前微波场强度的测量极限[81]，最小可测强度约为 $780pV \cdot cm^{-1}$，测量灵敏度约为 $55nV/(cm \cdot \sqrt{H8})$。

Ding 等人利用里德堡原子间的多体相互作用实现了微波电场转化效率的放大，将相对微波电场测量灵敏度提升至 $49\text{nV}/(\text{cm}\cdot\sqrt{\text{H8}})$[82]。Yang 等人从分析和获取最优光学读出噪声的角度出发，利用马赫-曾德尔干涉仪，使微波场强测量灵敏度提高了 12dB[83]。2023 年，Liu 等人通过对里德堡接收机调幅信号的分析，在噪声极限下获得 $5.1\text{nV}/(\text{cm}\cdot\sqrt{\text{H8}})$ 相对微波电场测量灵敏度，实现了目前国内外的最高灵敏度[84]。

1.2.3 里德堡态的跃迁能量测量

由于里德堡原子大的跃迁偶极矩和高的极化率，里德堡原子对外场极其敏感，可以通过外场等以高精度、灵活的方式制备和操控，因此引起了人们广泛的关注。最近，里德堡原子在量子信息处理领域的应用越来越重要，在量子计算和量子光学研究的腔 QED 方案中，也提出了通过里德堡态来增加原子之间的相互作用强度。所以准确了解里德堡原子的能级信息，对于提高原子模型的准确性具有重要作用，还可以促进里德堡原子在高分辨率光谱、量子传感器和经典通信等领域的应用。

图 1.13 是 1979 年到 2020 年关于铷原子里德堡态跃迁频率测量的进展情况。早在 1979 年，加拿大多伦多大学 B. P. Stoicheff 和 E. Weinberger 通过无多普勒双光子光谱测量了 ^{85}Rb 原子 $n\text{S}$（$n=9\sim116$）和 $n\text{D}$（$n=7\sim124$）里德堡态的绝对跃迁频率，测量精度约为 100MHz[85]。1983 年，德国基尔大学 C. J. Lorenzen 和 K. Niemax 利用双光子光谱法测量了铷原子 $n\text{P}$（$n=13\sim68$）里德堡态的精确跃迁频率，测量误差小于 0.003cm^{-1}[86]。1985 年，美国国家技术标准局 K. H. Weber 通过法布里-珀罗干涉测量法，利用无多普勒双光子光谱测量了 ^{85}Rb 原子 $n\text{S}$（$n=14\sim50$）里德堡态的跃迁频率[87]。2003 年，美国弗吉尼亚大学的 T. F. Gallagher 小组利用微波光谱精确测量了铷原子 $n\text{S}$、$n\text{P}$ 和 $n\text{D}$（$n=32\sim37$）里德堡态的跃迁频率，相关数据为后期的里德堡态跃迁频率测量提供了基准[67]。之后，英国利兹大学 B. T. H. Varcoe 小组和 L. A. M. Johnson 小组均利用光学频率梳进行频率校准，通过三光子跃迁方案分别实现了 ^{85}Rb 原子 $n\text{P}$（$n=36\sim63$）和 $n\text{F}_{7/2}$（$n=33\sim100$）里德堡态的绝对跃迁频率测量[33,34]。2011 年，德国科学家 M. Mack 小组利用 EIT 光谱精确测量了 ^{87}Rb 原子 $n\text{S}$（$n=19\sim65$）和 $n\text{D}$（$n=19\sim57$）里德堡态的跃迁频率，测量精度远小于 1MHz[21]。2016 年，美国弗吉尼亚大学的 T. F. Gallagher 小组利用微波跃迁光谱精确测量了 $n\text{G}$

和 $n\mathrm{H}$（$n=27\sim30$）里德堡态的跃迁频率[88]。2018 年，中国科学院杨杰教授小组利用电离光谱精确测量了 $^{87}\mathrm{Rb}$ 原子 $n\mathrm{S}$（$n=50\sim80$）、$n\mathrm{P}$（$n=24\sim98$）和 $n\mathrm{D}$（$n=49\sim96$）里德堡态的跃迁频率[18]。2019 年，中国科学院李晓林教授小组利用单步激发的方法实现了 $^{87}\mathrm{Rb}$ 原子 $n\mathrm{P}_{1/2,3/2}$（$n=34\sim90$）里德堡态和 $^{85}\mathrm{Rb}$ 原子 $n\mathrm{P}_{1/2,3/2}$（$n=34\sim87$）里德堡态跃迁频率的测量，其测量精度小于 10MHz[19]。2020 年，美国科学家 K. Moore 和 A. Duspayev 等人利用双光子跃迁光谱测量了铷原子 $n\mathrm{G}$（$n=38\sim41$）态的精确跃迁频率[89]。同年，C. A. Sackett 小组在冷原子系统中测量了铷原子 $n\mathrm{G}$、$n\mathrm{H}$、$n\mathrm{I}$（$n=17\sim19$）态的精确跃迁频率，其测量精度小于 100Hz[90]。通过这些方法精确测量了里德堡态的跃迁频率，相关研究促进了对高激发里德堡态的原子和分子结构的深入理解。

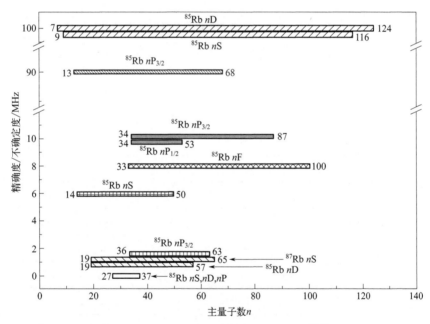

图 1.13　铷原子里德堡态跃迁频率测量[20]

主量子数 n 的测量范围由对应的长条长度表示

1.2.4　里德堡态的量子亏损研究

在碱金属原子中，原子的原子实与价电子之间的相互作用导致与氢原子能级的偏差可以用量子亏损来描述[1]。高角动量态的量子亏损的精确值在斯塔克效应的计算中很重要，对涉及里德堡原子的 Förster 共振偶极-偶极能量转移更加重要。此外，由于原子的离子偶极子和四极子极化率是由核的极化引起的，可以通过相同的量子亏损获得。碱金属原子的偶极极化率，在与宇称不守恒测量和原子干涉测量相关的原子结构计算的基准方面，也具有重要意义。

表 1.2 是近四十年来人们关于里德堡铷原子高激发态量子亏损的测量研究。从表中可以发现，关于量子亏损的测量主要集中在 $nS_{1/2}$、$nP_{1/2,3/2}$ 态的低轨道角动量的研究，对于 $nD_{3/2,5/2}$、$nF_{5/2,7/2}$、nG 和 nH 或更高轨道角动量的里德堡态研究较少，主要原因是高轨道角动量的里德堡态制备相对困难。高输出功率和可调谐的紫外激光的发明为研究高轨道角动量里德堡态提供了可能。同时高功率高频率微波场也为制备高轨道角动量里德堡态提供了一种路径。

表 1.2　铷原子里德堡态有关的量子亏损测量

里德堡态	跃迁过程	δ_0	δ_2	参考
$nS_{1/2}$	$5S-nS$	3.13114(2)	0.1891(9)	1979,B. P. Stoicheff et al.[85]
	$nS-(n+1)S$	3.1311804(10)	0.1784(6)	2003,W. H. Li et al.[67]
	$5S_{1/2}-5P_{3/2}-nS_{1/2}$	3.1311807(8)	0.1787(2)	2011,M. Mack et al.[21]
	$5S_{1/2}-5P_{3/2}-nS_{1/2}$	3.131(6)	0.1784(6)	2018,Y. F. Li et al.[18]
$nP_{1/2}$	$nS_{1/2}-nP_{1/2}$	2.6548849(10)	0.2900(6)	2003,W. H. Li et al.[67]
	$5S_{1/2}-nP_{1/2}$	2.6549(3)	0.29	2018,Y. F. Li et al.[18]
	$5S_{1/2}-nP_{1/2}$	2.654746(45)	0.29	2019,B. Li et al.[19]
	$5S_{1/2}-nP_{1/2}$	2.65448	0.29	2019,M. Li et al.[20]
$nP_{3/2}$	$nS_{1/2}-nP_{3/2}$	2.6416737(10)	0.2950(7)	2003,W. H. Li et al.[67]
	$5S_{1/2}-5P_{3/2}-5D_{5/2}-nP_{3/2}$	2.641352	0.4822	2009,B. Sanguinetti et al.[33]
	$5S_{1/2}-nP_{3/2}$	2.6415(3)	0.295	2018,Y. F. Li et al.[18]
	$5S_{1/2}-nP_{3/2}$	2.641657(20)	0.295	2019,B. Li et al.[19]
	$5S_{1/2}-nP_{3/2}$	2.64115	0.295	2019,M. Li et al.[20]
$nD_{3/2}$	$nD_{3/2}-(n+1)D_{3/2}$	1.34809171(40)	−0.60286(26)	2003,W. H. Li et al.[67]
	$5S_{1/2}-5P_{3/2}-nD_{3/2}$	1.3480948(11)	−0.6054(4)	2011,M. Mack et al.[21]

里德堡态	跃迁过程	δ_0	δ_2	参考
$nD_{5/2}$	$nD_{5/2}$—$(n+1)D_{5/2}$	1.34646572(30)	−0.59600(18)	2003,W. H. Li et al.[67]
	$5S_{1/2}$—$5P_{3/2}$—$nD_{5/2}$	1.3464622(11)	−0.5940(4)	2011,M. Mack et al.[21]
	$5S_{1/2}$—$5P_{3/2}$—$nD_{5/2}$	1.344(6)	−0.59600(18)	2018,Y. F. Li et al.[18]
$nF_{5/2}$	$(n+2)D_{5/2}$—$nF_{5/2}$	0.0165192(9)	−0.085(9)	2006,J. N. Han et al.[91]
$nF_{7/2}$	$(n+2)D_{5/2}$—$nF_{7/2}$	0.0165437(7)	−0.086(7)	2006,J. N. Han et al.[91]
	$5S_{1/2}$—$5P_{3/2}$—$5D_{5/2}$—$nF_{7/2}$	0.016473(14)	−0.0783(7)	2010,L. A. M. Johnson et al.[34]
nG	$(n+2)D_{5/2}$—nG	0.00400(2)	−0.018(15)	2016,J. Lee et al.[88]
	$nF_{5/2}$—nG	0.004007(5)	−0.02742(6)	2020,S. J. Berl et al.[90]
	nG—$(n+2)G$	0.0039990(21)	−0.0202(21)	2020,K. Moore et al.[89]
nH	$nF_{5/2}$—nH	0.0014263(1)	−0.01438(2)	2020,S. J. Berl et al.[90]
nI	$nF_{5/2}$—nI	0.0006074(4)	−0.008550(8)	2020,S. J. Berl et al.[90]

1.3　本书主要内容及章节安排

本书主要通过 780nm 的探测场（$5S_{1/2}$—$5P_{3/2}$）和 480nm 的耦合场（$5P_{3/2}$—$nD_{5/2}$）与铷原子相互作用，制备里德堡原子。通过 EIT 效应获得高分辨的里德堡态相干光谱。将微波场引入里德堡原子系统，通过里德堡 EIT-ATS 光谱的 AT 分裂频率间隔对微波场的强度进行精密测量。通过测量里德堡态的绝对跃迁频率与微波场强度的关系，获得高角动量里德堡态的量子亏损。本书分为以下五个部分。

第 1 章介绍里德堡原子的一些基本性质和制备方法，通过研究外场作用时里德堡原子的变化介绍里德堡原子的相关应用。重点介绍里德堡原子在里德堡 EIT 光谱、微波场强度测量、里德堡态跃迁能量和量子亏损测量等方面的研究进展。

第 2 章研究多能级里德堡原子系统的相关理论，包括三能级里德堡原子系统、四能级里德堡原子系统和光学腔辅助的四能级原子系统，通过求解密度矩阵方程获得对应的稳态解，并获得里德堡原子的极化率。根据里德堡态跃迁频率与量子亏损的关系，通过不同里德堡态的共振跃迁频率，利用 Rydberg-Ritz 公式获得对应能级的量子亏损。

第 3 章利用微波-光学的跃迁方式测量 $P_{3/2}$ 和 $F_{7/2}$ 系列里德堡态的量子亏损。通过频率失谐的光场和微波场激发原子获得 $nP_{3/2}$ 和 $nF_{7/2}$ 里德堡态的 EIT 光谱。详细研究微波场强度对里德堡 EIT 光谱透射峰幅度和半高全宽的影响。通过测量 $nP_{3/2}$ 和 $nF_{7/2}$ 里德堡态跃迁频率随微波场强度的变化，利用外推获得相应能级的共振跃迁频率，并通过 Rydberg-Ritz 公式提取 $nP_{3/2}$ 和 $nF_{7/2}$ 里德堡态的量子亏损。

第 4 章通过多载波调制技术精确测量里德堡态相干光谱的 AT 分裂。实验研究微波场频率失谐对里德堡态相干光谱的影响，以获得最佳的里德堡态相干光谱。利用频率调制和幅度调制相结合的多载波调制技术提高相干光谱的信噪比。通过引入微波场与原子系统相互作用，利用里德堡态相干光谱实现 AT 分裂测量精度的提高。利用光学谐振腔的强耦合效应提高里德堡态相干光谱的信噪比。设计和搭建四镜环形光学谐振腔。将原子蒸气池放入光学谐振腔内，通过探测场和耦合场与原子相互作用，获得了腔辅助里德堡 EIT 光谱。详细研究原子密度对真空拉比分裂和腔辅助里德堡 EIT 光谱的影响，并研究耦合场强度对里德堡 EIT 光谱的影响。通过微波场与原子系统相互作用，测量腔辅助里德堡相干光谱的 AT 分裂以实现微波场的强度测量。

第 5 章基于里德堡原子跃迁特性构建了多能级结构的原子系统，实验上利用探测场、耦合场以及两个不同微波场激发原子跃迁，来获得高分辨率的里德堡原子相干光谱。系统研究 AT 效应和相干布居转移效应的基本特性，分析微波场功率和频率对相干光谱的影响。构建双微波辅助里德堡 EIT 光谱的微波电场测量的理论模型，利用双微波辅助的量子相干效应详细研究了两个微波场功率对目标微波场强度测量的影响，获得高分辨率的里德堡 EIT-AT 光谱，实现目标微波场电场强度的有效测量。

第 2 章

微波场中里德堡原子激发跃迁理论研究

里德堡原子具有极化率大（约 n^7）和跃迁偶极矩（约 n^2）大等特性，对外场具有极高的灵敏度，可用于对外场强度和相位等参数的研究。同时其较小的能级间隔（约 n^{-3}）正好处在微波的频率范围内，因此将微波场与里德堡原子相结合，不仅可以用于里德堡态相干光谱研究[25,92]，还可以利用里德堡态相干光谱进行里德堡原子基本常数的测量、微波信号测量和量子信息测量等[49,63,81,93]。

本章从理论上构建了多能级的里德堡原子，根据里德堡态跃迁频率与量子亏损的关系，通过不同里德堡态的共振跃迁频率，利用 Rydberg-Ritz 公式获得对应能级的量子亏损。通过求解密度矩阵获得该系统处于平衡状态时的稳态解，获得里德堡原子的极化率与相关物理参数的关系。基于光学谐振腔与里德堡原子的腔耦合效应，实验上研究腔辅助里德堡 EIT 光谱。在微波辅助的五能级系统中研究里德堡相干布局转移效应，证明多个参数的有效调控可以提高里德堡相干布居转移效应的转移效率。

2.1　里德堡原子的量子亏损理论研究

量子亏损是碱金属里德堡原子的一个主要参数，可以用于跃迁概率、跃迁能量、跃迁矩阵元、波函数等参数的计算。早在 1916 年，A. Sommerfeld 就对量子亏损理论进行了研究[94]，随后 C. Jaffé 和 W. P. Reinhardt 等人对量子亏损进行了更为深入的研究[95]。目前，由于其重要性，量子亏损仍然是很多里德堡研究小组的研究热点之一[96-98]。

2.1.1　里德堡原子的波函数

波函数和束缚态能量主要是由原子的主量子数 n 和轨道角动量量子数 l 决定的。氢原子的波函数与非氢原子的波函数之间有着明显的不同。氢原子（$n=1$）是结构最简单，也是波函数唯一有解析解的原子。当非氢原子的主量子数 n 较大，即原子半径较大时，可以将其作为近似于类氢的原子体系处理。所以，对于碱金属里德堡原子，我们可以将其近似为氢原子处理，可以通过氢原子研究其他里德堡原子的波函数 $R(r)$。在原子单位制下，里德堡原子的薛定谔方程可以表示为[99]：

$$\left[-\frac{1}{2}\nabla^2+V_l(r)\right]\Psi(r,\theta,\phi)=E_{nl}\Psi(r,\theta,\phi) \qquad (2.1)$$

式中，r 为价电子与原子实之间的距离；E_{nl} 为里德堡态的能量。可以表示为[1]：

$$E_{nl}=E_i-\frac{R}{(n-\delta_{nl})^2} \qquad (2.2)$$

式中，E_i 为电离阈值能量；R 为里德堡常数；δ_{nl} 为量子亏损。

里德堡原子的价电子与原子实的极化势可近似表示为：

$$V_l(r)\approx-\frac{1}{r}-\frac{\alpha_d}{2r^4}+\frac{l(l+1)}{2r^2} \qquad (2.3)$$

式中，α_d 为原子实的极化率；波函数可以分解为径向波函数和角向波函数两部分，$\Psi(r,\theta,\phi)=R_{nl}(r)Y_{lm}(\theta,\phi)$。代入薛定谔方程，角向波函数可由归一化的球谐函数给出：

$$Y_{lm}(\theta,\phi)=\sqrt{\frac{2l(l-m)!\ +1}{4\pi(l-m)!}}P_{lm}(\cos\theta)\mathrm{e}^{im\phi} \qquad (2.4)$$

式中，P_{lm} 为未归一化的关联勒让德多项式；$-l<m<l$。分解后薛定谔方程的径向部分可分解为：

$$\left[\frac{\partial^2}{\partial r^2}+\frac{2}{r}\times\frac{\partial}{\partial r}+\frac{2}{r}-\frac{l(l+1)}{r^2}+V_l(r)\right]R_{nl}=E_{nl}R_{nl} \qquad (2.5)$$

将 $R_{nl}(r)=\dfrac{\rho(r)}{r}$，$V_{eff}(r)=V_l(r)+\dfrac{l(l+1)}{r^2}$ 代入上式，方程将转化为标准库仑势下的形式：

$$\left[\frac{\partial^2}{\partial r}+\frac{2}{r}\times\frac{\partial}{\partial r}+\frac{2}{r}+\frac{l(l+1)}{r^2}+Vl(r)\right]R_{nl}=E_{nl}R_{nl} \qquad (2.6)$$

里德堡原子的径向波函数可以利用均方根替换，将其平滑化后再利用逆迭代法[100] 进行本征值 E_{nl} 及本征矢 $\boldsymbol{\rho}_{nl}$ 求解[101]。

令 $s=\sqrt{r}$，$\boldsymbol{\rho}(r)=\boldsymbol{v}(s)$，则 $\dfrac{\mathrm{d}\boldsymbol{\rho}}{\mathrm{d}r}=\dfrac{\mathrm{d}\boldsymbol{v}}{2s\mathrm{d}s}$，$\dfrac{\mathrm{d}^2\boldsymbol{\rho}}{\mathrm{d}r^2}=\dfrac{\mathrm{d}^2\boldsymbol{v}}{4s^2\mathrm{d}s^2}-\dfrac{\mathrm{d}\boldsymbol{v}}{4s^2\mathrm{d}s}$，代入上式可得：

$$-\frac{1}{8s^2}\times\frac{\mathrm{d}^2\boldsymbol{v}}{\mathrm{d}s^2}+\frac{1}{8s^3}\times\frac{\mathrm{d}\boldsymbol{v}}{\mathrm{d}s}+V_{eff}(s^2)\boldsymbol{v}(s)=E_{nl}\boldsymbol{v}(s) \qquad (2.7)$$

k 次迭代之后可得：

$$\frac{\mathrm{d}^2 \boldsymbol{v}_{k+1}}{\mathrm{d}s^2} - \frac{1}{s} \times \frac{\mathrm{d}\boldsymbol{v}_{k+1}}{\mathrm{d}s} - 8s^2 [V_{eff}(s^2) - E_k] \boldsymbol{v}_{k+1} = -8s^2 \boldsymbol{v}_k \qquad (2.8)$$

利用 Numerov 递推法[102] 求解上述方程。初始本征值由里德堡能量式求得，初始本征矢 $\boldsymbol{v}_0$ 为任意的非零矢量，通过迭代法计算可得对应里德堡原子的波函数。

2.1.2 相邻里德堡态的跃迁矩阵元

碱金属原子的相关性质，如寿命、Stark 频移和原子相互作用势等，均需要评估从状态 $|n、\ell、m_\ell\rangle$ 到另一个状态 $|n'、\ell'、m'_\ell\rangle$ 的电偶极子和电四极子矩阵元。对于电偶极子跃迁，相互作用取决于矩阵元的形式，$\boldsymbol{H} = -e\boldsymbol{r} \cdot \hat{\boldsymbol{\varepsilon}}$，$\hat{\boldsymbol{\varepsilon}}$ 是电场极化矢量。在球面基础上扩展算符，利用算符 $\boldsymbol{H}$ 可以将计算分为径向重叠和电子波函数角重叠。利用 Wigner-Ekart 定理再根据角动量项和径向矩阵元评估得到的矩阵元[103]：

$$\langle n, l, m_l | r_q | n', l', m'_l \rangle = (-1)^{l-m_l} \begin{pmatrix} l & 1 & l' \\ -m_l & -q & m'_l \end{pmatrix} \times \langle l \| r \| l' \rangle$$

$$(2.9)$$

式中 q 表示电场极化（$q = \pm 1$，0，即 $\sigma^\pm$，π 跃迁），大括号表示 Wigner-3j 符号。我们对球谐函数使用 Condon-Shortley 相位简化。简化的矩阵方程 $\langle l \| r \| l' \rangle$ 可以表示为：

$$\langle l \| r \| l' \rangle = (-1)^l \sqrt{(2l+1)(2l'+1)} \begin{pmatrix} l & 1 & l' \\ 0 & 0 & 0 \end{pmatrix} \times \boldsymbol{R}_{nl \to n'l'} \qquad (2.10)$$

其中使用计算波函数的数值积分，径向矩阵元素可以被表示为：

$$\boldsymbol{R}_{nl \to n'l'} = \int_{r_i}^{r_0} R_{n,l}(r) r R n', l'(r) r^2 \mathrm{d}r \qquad (2.11)$$

考虑到精细结构，式(2.9) 可以用状态 j，m_j 表示为：

$$\langle n, l, j, m_l | r_q | n', l', j', m'_l \rangle =$$

$$(-1)^{j-m_j+l+s+j'+1} \sqrt{(2j+1)(2j'+1)} \times \begin{pmatrix} j & 1 & j' \\ -m_j & -q & m'_l \end{pmatrix} \begin{Bmatrix} j & 1 & j' \\ l' & s & l \end{Bmatrix} \langle l \| r \| l' \rangle$$

$$(2.12)$$

式中花括号表示 Wigner-6j 符号。

这些数值方法可以准确评估高激发态原子的电偶极子和电四极子项，但对于电子半径接近原子核的低激发态有很大的误差，其中积分对模型势的发散最为敏感。为了克服这个限制，可用偶极矩阵元的值。图 2.1 中所示分别为计算的 $n\mathrm{S}_{1/2}$—$n\mathrm{P}_{3/2}$ 和 $n\mathrm{D}_{5/2}$—$(n+1)\mathrm{P}_{3/2}$ 跃迁的跃迁偶极矩，可以发

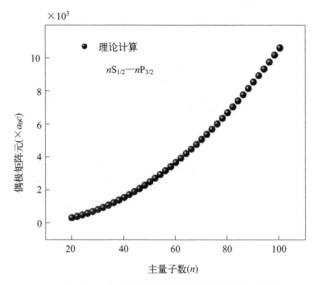

(a) $n\mathrm{S}_{1/2}$—$n\mathrm{P}_{3/2}$跃迁的跃迁偶极矩随主量子数n的变化

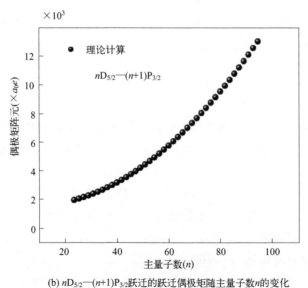

(b) $n\mathrm{D}_{5/2}$—$(n+1)\mathrm{P}_{3/2}$跃迁的跃迁偶极矩随主量子数n的变化

图 2.1　不同里德堡态跃迁的跃迁偶极矩

现，随着主量子数增大，跃迁偶极矩也在逐渐增大。而且对于同一个主量子数 n，$n\mathrm{D}_{5/2}$—$(n+1)\mathrm{P}_{3/2}$ 比 $n\mathrm{S}_{1/2}$—$n\mathrm{P}_{3/2}$ 跃迁的跃迁偶极矩大。

2.1.3 里德堡态的量子亏损

里德堡原子由基态激发至里德堡态所需要的跃迁能量（E_n）通常采用能量公式计算：

$$E_n = E_i - \frac{R}{(n-\delta_n)^2} \tag{2.13}$$

式中，E_i 是电离阈值；R 是里德堡常数；n 是主量子数；δ_n 是量子亏损，可以表示为：

$$\delta_n = \delta_0 + \frac{\delta_2}{(n-\delta_0)^2} + \frac{\delta_4}{(n-\delta_0)^4} + \frac{\delta_6}{(n-\delta_0)^6} + \frac{\delta_8}{(n-\delta_0)^8} + \cdots \tag{2.14}$$

当相邻两个原子态跃迁时，其跃迁频率（$v_{nn'}$）可以由式(2.15)得到：

$$v_{nn'} = \frac{Rc}{[n-\delta(n)]^2 - [n'-\delta(n')]^2} \tag{2.15}$$

式中，c 为光速，$c = 2.99792458 \times 10^{10}\,\mathrm{cm/s}$；$n$ 和 n' 分别代表初态和末态的两个原子态；δ_n 和 $\delta_{n'}$ 分别表示初态和末态的量子亏损。以铷原子为例，铷原子的里德堡常数 $R = 109736.605\,\mathrm{cm}^{-1}$。根据理论和实验研究，当主量子数 $n > 20$ 时，量子亏损只需要考虑等式的前两项[21]，即：

$$\delta_n = \delta_0 + \frac{\delta_2}{(n-\delta_0)^2} \tag{2.16}$$

在符合原子跃迁定则的情况下，已知原子不同原子态的量子亏损时，可以根据式(2.15)计算出对应的跃迁频率。同时，在根据实验测量到不同跃迁的精确频率后，也可以利用公式反向计算得到对应的里德堡态量子亏损值。对于同一个轨道角动量原子态，主量子数越大，量子亏损值越小，图 2.2 分别为 $n\mathrm{S}_{1/2}$ 和 $n\mathrm{P}_{3/2}$ 里德堡态量子亏损值随主量子数 n 的变化。对于具有相同主量子数（$n = 50$），不同的轨道角动量的里德堡态，轨道角动量越大，量子亏损值越小，如图 2.3 所示。

在 1.2.4 节中我们详细介绍了近期关于里德堡原子量子亏损的测量进展。目前对于里德堡原子的量子亏损测量已经实现了 $n\mathrm{G}$、$n\mathrm{H}$ 和 $n\mathrm{I}$ 高轨道

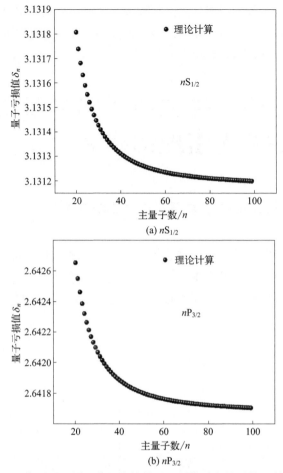

(a) $nS_{1/2}$

(b) $nP_{3/2}$

图 2.2　铷原子不同里德堡态的量子亏损值随主量子数 n 的变化

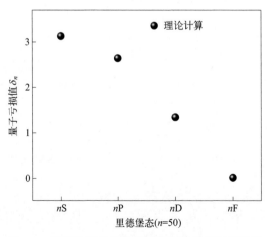

图 2.3　不同轨道角动量里德堡态的量子亏损计算

角动量里德堡态的测量，而且测量精度越来越高。然而更高轨道角动量的里德堡态由于较难制备，研究相对较少，因此仍然需要先进的实验设备用于更多里德堡态量子信息的研究。

2.2 基于里德堡原子的微波场辅助 EIT 光谱理论研究

2.2.1 三能级系统的密度矩阵方程及稳态解

如图 2.4 是铷原子的级联型三能级系统能级图，波长为 780nm 的探测光将原子从基态 $|1>$ 激发至中间态 $|2>$，然后波长为 480nm 的耦合光将原子从中间态 $|2>$ 耦合至里德堡态 $|3>$。其中，$|1>$、$|2>$ 和 $|3>$ 能级分别对应于 $5S_{1/2}$、$5P_{3/2}$、$nD_{5/2}$ 态。

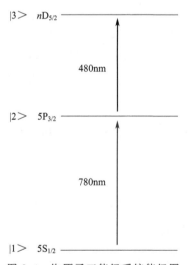

图 2.4 铷原子三能级系统能级图

利用旋转波和电偶极近似，系统相互作用的哈密顿量可以表示为[104]：

$$\boldsymbol{H} = \frac{\hbar}{2} \begin{bmatrix} 0 & \Omega_p & 0 \\ \Omega_p & -2\Delta_p & \Omega_c \\ 0 & \Omega_c & -2(\Delta_p + \Delta_c) \end{bmatrix} \quad (2.17)$$

式中，Δ_p 和 Δ_c 分别是探测场和耦合场的频率失谐，可以表示为：

$$\Delta_p = \omega_p - \omega_{12}, \quad \Delta_c = \omega_c - \omega_{23} \tag{2.18}$$

式中，ω_{12} 和 ω_{23} 分别是 $|1>-|2>$ 和 $|2>-|3>$ 跃迁的共振频率；ω_p 和 ω_c 分别为探测场和耦合场的频率；Ω_p 和 Ω_c 分别是探测场和耦合场的 Rabi 频率，通常被定义为 $\Omega_p = E_p \dfrac{\mu_p}{\hbar}$ 和 $\Omega_c = E_c \dfrac{\mu_c}{\hbar}$，$E_p$ 和 E_c 分别是探测场和耦合场的强度；μ_p 和 μ_c 分别是探测场和耦合场对应能级跃迁的跃迁偶极矩。

在这个能级系统中，原子对激光场的响应可以用弱探测场的极化率来描述。而极化率通常由能级 $|1>$ 和 $|2>$ 之间的相干性决定，可以写为：

$$\chi_{12} = -\frac{N\,|\mu_{12}|^2}{h\varepsilon_0 \Omega_p}\rho_{12} \tag{2.19}$$

式中，N 为系统中参与作用原子的数量；ε_0 为自由空间的介电常数；μ_{12} 和 ρ_{12} 分别为能级 $|1>$ 和 $|2>$ 之间的跃迁偶极矩和密度矩阵元。根据公式（2.19）可知，要得到原子对激光场的响应变化就需要求出密度矩阵元 ρ_{12}。该系统的动力学过程可以通过使用密度矩阵的形式得到，如下所示：

$$\dot{\rho} = \frac{\partial \rho}{\partial t} = -\frac{\mathrm{i}}{\hbar}[\boldsymbol{H}, \boldsymbol{\rho}] + \boldsymbol{L} \tag{2.20}$$

等式中的 $\boldsymbol{L}$ 代表系统中原子衰变过程的 Lindblad 算符，可表示为：

$$\boldsymbol{L} = \begin{bmatrix} \Gamma_2\rho_{22} & -\gamma_{12}\rho_{12} & -\gamma_{13}\rho_{13} \\ -\gamma_{21}\rho_{21} & \Gamma_3\rho_{33} - \Gamma_2\rho_{22} & -\gamma_{23}\rho_{23} \\ -\gamma_{31}\rho_{31} & -\gamma_{32}\rho_{32} & \Gamma_4\rho_{44} - \Gamma_3\rho_{33} \end{bmatrix} \tag{2.21}$$

式中 $\gamma_{ij} = (\Gamma_i + \Gamma_j)/2$，$\Gamma_{ij}$ 是原子的跃迁衰减率。

将哈密顿量 $\boldsymbol{H}$ 和 $\boldsymbol{L}$ 代入式中，对角密度矩阵分量为：

$$\dot{\rho}_{11} = \Gamma_2\rho_{22} - \frac{\mathrm{i}}{2}(\rho_{12}\Omega_p - \rho_{21}\Omega_p)$$

$$\dot{\rho}_{22} = \Gamma_3\rho_{33} - \Gamma_2\rho_{22} + \frac{\mathrm{i}}{2}(\rho_{12}\Omega_p - \rho_{21}\Omega_p - \rho_{23}\Omega_c + \rho_{32}\Omega_c)$$

$$\dot{\rho}_{33} = -\Gamma_3\rho_{33} + \frac{\mathrm{i}}{2}(\rho_{23}\Omega_c - \rho_{32}\Omega_c)$$

$$\dot{\rho}_{12} = -r_{12}\rho_{12} - \frac{\mathrm{i}}{2}(\rho_{11}\Omega_p - \rho_{22}\Omega_p + \rho_{13}\Omega_c + 2\Delta_p\rho_{12})$$

$$\dot{\rho}_{13} = -r_{13}\rho_{13} - \frac{\mathrm{i}}{2}[-\rho_{23}\Omega_p + \rho_{12}\Omega_c + 2(\Delta_p + \Delta_c)\rho_{13}]$$

$$\dot{\rho}_{21} = -r_{21}\rho_{21} + \frac{\mathrm{i}}{2}(\rho_{11}\Omega_p - \rho_{22}\Omega_p + \rho_{31}\Omega_c + 2\Delta_p\rho_{21})$$

$$\dot{\rho}_{23} = -r_{23}\rho_{23} + \frac{\mathrm{i}}{2}(\rho_{13}\Omega_p - \rho_{22}\Omega_c + \rho_{33}\Omega_c - 2\Delta_c\rho_{23})$$

$$\dot{\rho}_{31} = -r_{31}\rho_{31} + \frac{\mathrm{i}}{2}[-\rho_{32}\Omega_p + \rho_{21}\Omega_c + 2(\Delta_p + \Delta_c)\rho_{31}]$$

$$\dot{\rho}_{32} = -r_{32}\rho_{32} - \frac{\mathrm{i}}{2}(\rho_{31}\Omega_p + \rho_{33}\Omega_c - \rho_{22}\Omega_c - 2\Delta_c\rho_{32}) \tag{2.22}$$

通过数值求解这些方程，获得各种 Ω_p 和 Ω_c 值下 ρ_{21} 的稳态解。通过 $\dot{\rho}_{ij} = 0$ 形成一个矩阵与方程组，由此得到的系统矩阵的稳态解，ρ_{21} 的稳态解为：

$$\rho_{12} = \cfrac{\mathrm{i}\Omega_p}{-2(r_{12}+\mathrm{i}\Delta_p) + \cfrac{\mathrm{i}\Omega_c^2}{2(-\mathrm{i}r_{13}+\Delta_c+\Delta_p)}} \tag{2.23}$$

因此，原子的极化率可以表示为：

$$\chi_{12} = \frac{\mathrm{i}N|\mu_{12}|^2}{h\varepsilon_0} \times \left[\gamma_{13} + \mathrm{i}\Delta_p + \frac{\Omega_c^2/4}{\gamma_{12} + \mathrm{i}(\Delta_c + \Delta_p)}\right]^{-1} \tag{2.24}$$

图 2.5 是三能级系统中 EIT 光谱的吸收和色散曲线。式(2.24) 极化率

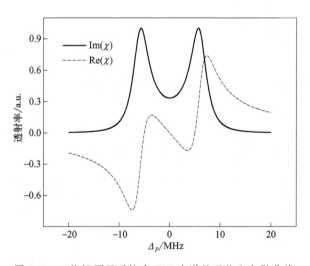

图 2.5 三能级原子系统中 EIT 光谱的吸收和色散曲线

的虚部表示原子的吸收特性，实部表示其色散特性。通过探测场和耦合场的 Rabi 频率物理、原子数等物理参数可以有效控制原子的吸收和色散特性。

2.2.2 微波场辅助的四能级系统密度矩阵方程及稳态解

图 2.6 是铷原子四能级系统的能级示意图，波长为 780nm 的探测光将原子从基态 |1＞激发至中间态 |2＞，波长为 480nm 的耦合光将原子从中间态 |2＞耦合至第一里德堡态 |3＞，此时引入微波场，激发第一里德堡态 |3＞与相邻里德堡态 |4＞的跃迁。其中，|1＞、|2＞、|3＞和 |4＞能级分别对应于铷原子的 $5S_{1/2}$、$5P_{3/2}$、$nD_{5/2}$ 和 $(n+1)P_{3/2}$ 态。

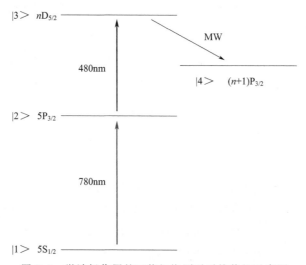

图 2.6　微波场作用的四能级铷原子系统能级示意图

同样，利用旋转波和电偶极近似，系统相互作用的哈密顿量可以表示为[25]：

$$H = \frac{\hbar}{2} \begin{bmatrix} 0 & \Omega_p & 0 & 0 \\ \Omega_p & -2\Delta_p & \Omega_c & 0 \\ 0 & \Omega_c & -2(\Delta_p+\Delta_c) & \Omega_{MW} \\ 0 & 0 & \Omega_{MW} & -2(\Delta_p+\Delta_c+\Delta_{MW}) \end{bmatrix} \quad (2.25)$$

式中，Δ_p、Δ_c 和 Δ_{MW} 分别是探测场、耦合场和微波场的频率失谐，可以被定义为：

$$\Delta_p = \omega_p - \omega_{12}, \quad \Delta_c = \omega_c - \omega_{23}, \quad \Delta_{MW} = \omega_{MW} - \omega_{34} \qquad (2.26)$$

式中，ω_{12}、ω_{23} 和 ω_{34} 分别是 $|1>-|2>,|2>-|3>$ 和 $|3>-|4>$ 跃迁的共振频率；ω_p、ω_c 和 ω_{MW} 分别是探测场、耦合场和微波场的频率；Ω_{MW} 是微波场的 Rabi 频率，通常被定义为 $\Omega_{MW} = E_{MW} \dfrac{\boldsymbol{\mu}_{MW}}{\hbar}$，$E_{MW}$ 是微波场的场强；$\boldsymbol{\mu}_{MW}$ 是微波场对应能级跃迁的跃迁偶极矩。

该系统的动力学演化也可以通过使用密度矩阵的形式表示，如下所示：

$$\dot{\boldsymbol{\rho}} = \frac{\partial \rho}{\partial t} = -\frac{\mathrm{i}}{\hbar}[\boldsymbol{H}, \boldsymbol{\rho}] + \boldsymbol{L} \qquad (2.27)$$

等式中的 $\boldsymbol{L}$ 代表阶梯型四能级原子系统中原子衰变过程的 Lindblad 算符，可表示为：

$$\boldsymbol{L} = \begin{bmatrix} \Gamma_2 \rho_{22} & -\gamma_{12}\rho_{12} & -\gamma_{13}\rho_{13} & -\gamma_{14}\rho_{14} \\ -\gamma_{21}\rho_{21} & \Gamma_3\rho_{33} - \Gamma_2\rho_{22} & -\gamma_{23}\rho_{23} & -\gamma_{24}\rho_{24} \\ -\gamma_{31}\rho_{31} & -\gamma_{32}\rho_{32} & \Gamma_4\rho_{44} - \Gamma_3\rho_{33} & -\gamma_{34}\rho_{34} \\ -\gamma_{41}\rho_{41} & -\gamma_{42}\rho_{42} & -\gamma_{43}\rho_{43} & -\Gamma_4\rho_{44} \end{bmatrix} \qquad (2.28)$$

其中 $\gamma_{ij} = (\Gamma_i + \Gamma_j)/2$，$\Gamma_{ij}$ 是原子的跃迁衰减率。里德堡原子碰撞和电离等影响会导致系统的退相干效应，可以通过改变原子与场的相互作用时间来减小退相干效应。由于本研究的目的是探索微波场作用时里德堡 EIT 的特性，因此为考虑添加碰撞项或退相干项。在本式中 Γ_2 是能级 $|2>$ 的衰减率，Γ_3 和 Γ_4 是对应里德堡态的衰减率。

将哈密顿量 $\boldsymbol{H}$ 和 $\boldsymbol{L}$ 代入式中，对角密度矩阵分量为：

$$\dot{\rho}_{11} = \mathrm{i}\frac{\Omega_p}{2}(\rho_{12} - \rho_{21}) + \Gamma_2\rho_{22}$$

$$\dot{\rho}_{22} = -\mathrm{i}\frac{\Omega_p}{2}(\rho_{12} - \rho_{21}) + \mathrm{i}\frac{\Omega_c}{2}(\rho_{23} - \rho_{32}) - \Gamma_2\rho_{22} + \Gamma_3\rho_{33}$$

$$\dot{\rho}_{33} = -\mathrm{i}\frac{\Omega_c}{2}(\rho_{23} - \rho_{32}) + \mathrm{i}\frac{\Omega_{MW}}{2}(\rho_{34} - \rho_{43}) - \Gamma_3\rho_{33} + \Gamma_4\rho_{44}$$

$$\dot{\rho}_{44} = -\mathrm{i}\frac{\Omega_{MW}}{2}(\rho_{34} - \rho_{43}) - \Gamma_4\rho_{44}$$

$$\dot{\rho}_{21} = (\mathrm{i}\Delta_p - \gamma_{21})\rho_{21} + \mathrm{i}\frac{\Omega_p}{2}(\rho_{22} - \rho_{11}) - \mathrm{i}\frac{\Omega_c}{2}\rho_{21}$$

$$\dot{\rho}_{31}=[\mathrm{i}(\varDelta_p+\varDelta_c)-\gamma_{31}]\rho_{31}+\mathrm{i}\frac{\varOmega_p}{2}\rho_{32}-\mathrm{i}\frac{\varOmega_c}{2}\rho_{21}-\mathrm{i}\frac{\varOmega_{MW}}{2}\rho_{41}$$

$$\dot{\rho}_{41}=[\mathrm{i}(\varDelta_p+\varDelta_c+\varDelta_{MW})-\gamma_{41}]\rho_{41}+\mathrm{i}\frac{\varOmega_p}{2}\rho_{42}-\mathrm{i}\frac{\varOmega_{MW}}{2}\rho_{31}$$

$$\dot{\rho}_{32}=(\mathrm{i}\varDelta_c-\gamma_{32})\rho_{32}+\mathrm{i}\frac{\varOmega_c}{2}(\rho_{33}-\rho_{22})+\mathrm{i}\frac{\varOmega_p}{2}\rho_{31}-\mathrm{i}\frac{\varOmega_{MW}}{2}\rho_{42}$$

$$\dot{\rho}_{42}=[\mathrm{i}(\varDelta_c+\varDelta_{MW})-\gamma_{42}]\rho_{42}+\mathrm{i}\frac{\varOmega_p}{2}\rho_{41}+\mathrm{i}\frac{\varOmega_c}{2}\rho_{43}-\mathrm{i}\frac{\varOmega_{MW}}{2}\rho_{32}$$

$$\dot{\rho}_{43}=(\mathrm{i}\varDelta_{MW}-\gamma_{43})\rho_{43}+\mathrm{i}\frac{\varOmega_{MW}}{2}(\rho_{44}-\rho_{33})-\mathrm{i}\frac{\varOmega_c}{2}\rho_{42} \tag{2.29}$$

原子大部分布居在基态，在旋波近似和弱场限制条件下，得到初始条件 $\rho_{11}^{(0)}=1$，$\rho_{jk}^{(0)}=0$。原子介质对于探测场的极化率可以表示为：

$$\chi=\frac{-2\mathrm{i}N_0\mu_{12}^2(\varGamma_{13}\varGamma_{14}+\varOmega_{MW}^2)}{\varepsilon_0\hbar(\varOmega_c^2\varGamma_{14}+\varOmega_{MW}^2\varGamma_{12}+\varGamma_{12}\varGamma_{13}\varGamma_{14})} \tag{2.30}$$

式中，N_0 是原子介质的数量。介质的透射谱可以通过极化率的虚部求出，一般表示为：

$$T=\exp(-2\pi l\chi''/\lambda_p) \tag{2.31}$$

式中，l 为原子介质的长度。

图 2.7 是根据上述理论计算结果得到的原子极化率绘制的四能级系统的吸收强度曲线。横坐标是耦合场的频率失谐，纵坐标是探测场的吸收信号。通过改变微波场的 Rabi 频率获得对应的 EIT-ATS 光谱，从图中可以看到随着微波场 Rabi 频率的增大，EIT 光谱的 AT 分裂频率间隔也在逐渐增大。因此，可以通过测量 AT 分裂的频率间隔，再根据公式计算可实现微波场强度的精确测量。

2.2.3　光学腔辅助的四能级系统理论模型

光学谐振腔通过光波在腔中来回反射从而实现光能反馈的空腔，在非线性光学和激光光谱学等研究领域有着广泛的应用价值。光学谐振腔与介质的强耦合效应，可以有效地增强辐射和增强吸收。介质的吸收色散特性，不仅使光学腔易于调控，也显著地影响了腔的物理特性，如腔内原子介质会减少吸收，并产生较大的色散，从而导致腔线宽明显变窄，比较典型的是腔内

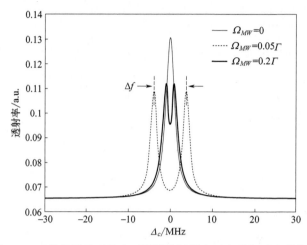

图 2.7   四能级原子系统中不同微波场强度对应的相干光谱曲线

EIT。这个现象已在热原子和冷原子中得到了证明，原子和腔的相互作用系统也常被用于真空拉比分裂、四波混频和激光频率稳定等方面的研究。

在微波场作用的四能级原子系统中，通过对其哈密顿方程求解，可以获得对应的稳态解和极化率，如式(2.30)。因此，当原子介质放入光学谐振腔后，原子对光场的吸收和色散特性会导致腔的透射谱发生变化[105,106]，可以表示为：

$$S(\omega) = \frac{t^2}{1 + r^2\kappa^2 - 2r\kappa\cos[\Delta + (\omega_p l/2L)\chi'(2L/c)]} \qquad (2.32)$$

式中，$\Delta = \Delta_p - \Delta_0$；$\kappa = \exp(-\omega l\chi''/c)$，表示光场在腔内循环所产生的吸收；$r$ 和 t 分别为腔镜的反射率和透射率；余弦部分代表光场在腔内产生的相移。与之前一样，极化率的虚部用于表示原子的吸收特性，实部则是用来表示其色散特性，原子极化率的改变相应地会导致腔透射谱的变化。

图 2.8 分别展示了在相同微波场强（$\Omega_{MW} = 2\pi \times 0.36\text{MHz}$）作用时，无谐振腔和有谐振腔情况下四能级原子系统的 EIT-ATS 光谱。图 2.8(a) 是无谐振腔情况下模拟的 EIT-ATS 光谱，从图中可以看到在微波场强度为 $\Omega_{MW} = 2\pi \times 0.36\text{MHz}$，AT 分裂已经不可分辨；图 2.8(b) 为有谐振腔情况下模拟的 EIT-ATS 光谱。图中可以清晰地分辨出 AT 分裂信号。这是由于光学腔与里德堡原子的强耦合效应，可以有效增强 EIT 光谱信号。通过此方法可以有效提高微波场强度的测量灵敏度。

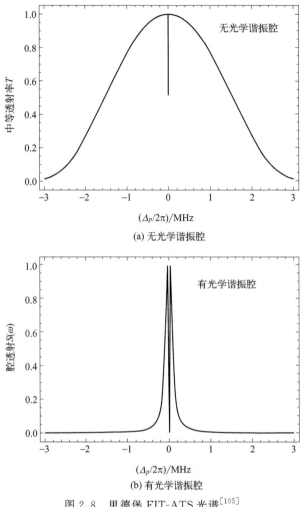

(a) 无光学谐振腔

(b) 有光学谐振腔

图 2.8   里德堡 EIT-ATS 光谱[105]

2.2.4   微波场辅助的五能级系统密度矩阵方程及稳态解

图 2.9 是铷原子五能级系统的能级示意图，波长为 780nm 的探测光将原子从基态 |1> 激发至中间态 |2>，波长为 480nm 的耦合光将原子从中间态 |2> 耦合至第一里德堡态 |3>，此时引入微波场 I，激发第一里德堡态 |3> 与相邻里德堡态 |4> 的跃迁，再引入微波场 II，激发第二里德堡态 |4> 与第三里德堡态 |5> 的跃迁。其中，|1>、|2>、|3>、|4> 和 |5> 能级分别对应于铷原子的 $5S_{1/2}$、$5P_{3/2}$、$nD_{5/2}$、$(n+1)P_{3/2}$ 和 $(n+1)S_{1/2}$ 态。

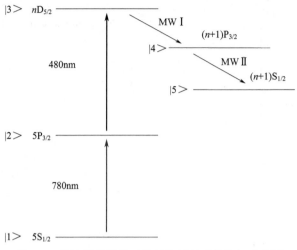

图 2.9　微波场辅助的五能级铷原子系统能级示意图

同样，利用旋转波和电偶极近似，五能级里德堡原子系统相互作用的哈密顿量可以表示为[25,76,107]：

$$
\boldsymbol{H}=\frac{\hbar}{2}\begin{pmatrix} 0 & \Omega_p & 0 & 0 & 0 \\ \Omega_p & -2\Delta_p & \Omega_c & 0 & 0 \\ 0 & \Omega_c & -2(\Delta_p+\Delta_c) & \Omega_{\mathrm{I}} & 0 \\ 0 & 0 & \Omega_{\mathrm{I}} & -2(\Delta_p+\Delta_c+\Delta_{\mathrm{I}}) & \Omega_{\mathrm{II}} \\ 0 & 0 & 0 & \Omega_{\mathrm{II}} & -2(\Delta_p+\Delta_c+\Delta_{\mathrm{I}}+\Delta_{\mathrm{II}}) \end{pmatrix}
$$

$$(2.33)$$

式中，Δ_p、Δ_c、Δ_{I} 和 Δ_{II} 分别是探测场、耦合场和微波场的频率失谐，可以被定义为：

$$
\Delta_p=\omega_p-\omega_{12}, \quad \Delta_c=\omega_c-\omega_{23}, \quad \Delta_{\mathrm{I}}=\omega_{\mathrm{MWI}}-\omega_{34}, \quad \Delta_{\mathrm{II}}=\omega_{\mathrm{MWII}}-\omega_{45}
$$

$$(2.34)$$

式中，ω_{12}、ω_{23}、ω_{34} 和 ω_{45} 分别是 $|1>-|2>$、$|2>-|3>$、$|3>-|4>$ 和 $|4>-|5>$ 跃迁的共振频率；ω_p、ω_c 和 ω_{MW} 分别是探测场、耦合场和微波场的频率；考虑多普勒效应，Δ_p、Δ_c、Δ_{I} 和 Δ_{II} 分别被修正为 $\Delta'_p=\Delta_p-2\pi v/\lambda_p$、$\Delta'_c=\Delta_c-2\pi v/\lambda_c$、$\Delta'_{\mathrm{I}}=\Delta_{\mathrm{I}}-2\pi v/\lambda_{\mathrm{MWI}}$ 和 $\Delta'_{\mathrm{II}}=\Delta_{\mathrm{II}}-2\pi v/\lambda_{\mathrm{MWII}}$；$v$ 为原子的运动速度；λ_i 为对应场的波长；Ω_p、Ω_c、Ω_{I} 和 Ω_{II} 分别为对应场的 Rabi 频率。

该系统的动力学演化也可以通过使用密度矩阵的形式表示，如下所示：

$$\dot{\boldsymbol{\rho}} = \frac{\partial \boldsymbol{\rho}}{\partial t} = -\frac{i}{\hbar}[\boldsymbol{H}, \rho] + \boldsymbol{L} \tag{2.35}$$

等式中的 $\boldsymbol{L}$ 代表五能级原子系统中原子衰变过程的 Lindblad 算符，可表示为：

$$\boldsymbol{L} = \begin{pmatrix} \Gamma_2 \rho_{22} & -\gamma_{12}\rho_{12} & -\gamma_{13}\rho_{13} & -\gamma_{14}\rho_{14} & -\gamma_{15}\rho_{15} \\ -\gamma_{21}\rho_{21} & \Gamma_3\rho_{33}-\Gamma_2\rho_{22} & -\gamma_{23}\rho_{23} & -\gamma_{24}\rho_{24} & -\gamma_{25}\rho_{25} \\ -\gamma_{31}\rho_{31} & -\gamma_{32}\rho_{32} & \Gamma_4\rho_{44}-\Gamma_3\rho_{33} & -\gamma_{34}\rho_{34} & -\gamma_{35}\rho_{35} \\ -\gamma_{41}\rho_{41} & -\gamma_{42}\rho_{42} & -\gamma_{43}\rho_{43} & \Gamma_5\rho_{55}-\Gamma_4\rho_{44} & -\gamma_{45}\rho_{45} \\ -\gamma_{51}\rho_{51} & -\gamma_{52}\rho_{52} & -\gamma_{53}\rho_{53} & -\gamma_{54}\rho_{54} & -\Gamma_5\rho_{55} \end{pmatrix}$$

$$\tag{2.36}$$

式中，$\gamma_{ij} = (\Gamma_i + \Gamma_j)/2$，$\Gamma_{ij}$ 是原子的跃迁衰减率。密度矩阵 $\boldsymbol{\rho}_{i,j}$ 和 $\boldsymbol{\rho}_{i,i}$ 分别表示 $|i\rangle$ 和 $j\rangle$ 态之间相干项和 $|i\rangle$ 态的原子布居。Γ_2 是能级 $|2>$ 的衰减率，Γ_3 和 Γ_4 是对应里德堡态的衰减率。

将哈密顿量 $\boldsymbol{H}$ 和 $\boldsymbol{L}$ 代入 Lindblad 主方程中，可以获得微波辅助五能级里德堡原子系统的光学布洛赫方程组：

$$\dot{\rho}_{11} = i\frac{\Omega_p}{2}(\rho_{12} - \rho_{21}) + \Gamma_2\rho_{22}$$

$$\dot{\rho}_{12} = -\gamma_{11}\rho_{12} + \frac{i}{2}(\rho_{11}\Omega_p - \rho_{22}\Omega_p + \rho_{13}\Omega_c + 2\Delta_p\rho_{12})$$

$$\dot{\rho}_{13} = -\gamma_{13}\rho_{13} + \frac{i}{2}[-\rho_{23}\Omega_p + \rho_{12}\Omega_c + \rho_{14}\Omega_{\mathrm{I}} + 2(\Delta_p + \Delta_c)\rho_{13}]$$

$$\dot{\rho}_{14} = -\gamma_{14}\rho_{14} + \frac{i}{2}[-\rho_{24}\Omega_p + \rho_{13}\Omega_{\mathrm{I}} + \rho_{15}\Omega_{\mathrm{II}} + 2(\Delta_p + \Delta_c + \Delta_{\mathrm{I}})\rho_{14}]$$

$$\dot{\rho}_{15} = -\gamma_{15}\rho_{15} + \frac{i}{2}[-\rho_{25}\Omega_p + \rho_{14}\Omega_{\mathrm{II}} + 2(\Delta_p + \Delta_c + \Delta_{\mathrm{I}} + \Delta_{\mathrm{II}})\rho_{15}]$$

$$\dot{\rho}_{21} = -\gamma_{21}\rho_{21} + \frac{i}{2}(\rho_{22}\Omega_p - \rho_{11}\Omega_p - \rho_{31}\Omega_c - 2\Delta_p\rho_{21})$$

$$\dot{\rho}_{22} = \Gamma_3\rho_{33} - \Gamma_2\rho_{22} - \frac{i}{2}(\rho_{12}\Omega_p - \rho_{21}\Omega_p - \rho_{23}\Omega_c + \rho_{32}\Omega_c)$$

$$\dot{\rho}_{23} = -\gamma_{23}\rho_{23} - \frac{i}{2}(\rho_{13}\Omega_p - \rho_{22}\Omega_c + \rho_{33}\Omega_c - \rho_{24}\Omega_{\mathrm{I}} - 2\Delta_c\rho_{23})$$

$$\dot{\rho}_{24} = -\gamma_{24}\rho_{24} - \frac{i}{2}[\rho_{14}\Omega_p + \rho_{35}\Omega_c - \rho_{23}\Omega_{\text{I}} - \rho_{25}\Omega_{\text{II}} - 2(\Delta_c + \Delta_{\text{II}})\rho_{24}]$$

$$\dot{\rho}_{25} = -\gamma_{25}\rho_{25} - \frac{i}{2}[\rho_{15}\Omega_p + \rho_{35}\Omega_c - \rho_{24}\Omega_{\text{II}} - 2(\Delta_c + \Delta_{\text{I}} + \Delta_{\text{II}})\rho_{25}]$$

$$\dot{\rho}_{31} = -\gamma_{31}\rho_{31} - \frac{i}{2}[-\rho_{32}\Omega_p + \rho_{21}\Omega_c + \rho_{41}\Omega_{\text{I}} + 2(\Delta_c + \Delta_{\text{I}})\rho_{31}]$$

$$\dot{\rho}_{32} = -\gamma_{32}\rho_{32} + \frac{i}{2}(-\rho_{31}\Omega_p + \rho_{33}\Omega_c - \rho_{22}\Omega_c - \rho_{42}\Omega_{\text{I}} - 2\Delta_p\rho_{32})$$

$$\dot{\rho}_{33} = \Gamma_4\rho_{44} - \Gamma_3\rho_{33} - \frac{i}{2}(\rho_{23}\Omega_c - \rho_{32}\Omega_c - \rho_{34}\Omega_{\text{I}} + \rho_{43}\Omega_{\text{II}})$$

$$\dot{\rho}_{34} = -\gamma_{34}\rho_{34} - \frac{i}{2}(\rho_{24}\Omega_c - \rho_{33}\Omega_{\text{I}} + \rho_{44}\Omega_{\text{I}} - \rho_{35}\Omega_{\text{II}} - 2\Delta_{\text{I}}\rho_{34})$$

$$\dot{\rho}_{35} = -\gamma_{35}\rho_{35} - \frac{i}{2}[\rho_{25}\Omega_c + \rho_{45}\Omega_{\text{I}} - \rho_{34}\Omega_{\text{II}} - 2(\Delta_{\text{I}} + \Delta_{\text{II}})\rho_{35}]$$

$$\dot{\rho}_{41} = -\gamma_{41}\rho_{41} - \frac{i}{2}[-\rho_{42}\Omega_p + \rho_{31}\Omega_{\text{I}} + \rho_{51}\Omega_{\text{II}} + 2(\Delta_p + \Delta_c + \Delta_{\text{I}})\rho_{41}]$$

$$\dot{\rho}_{42} = -\gamma_{42}\rho_{42} + \frac{i}{2}[\rho_{41}\Omega_p + \rho_{43}\Omega_c - \rho_{32}\Omega_{\text{I}} - \rho_{52}\Omega_{\text{II}} - 2(\Delta_c + \Delta_{\text{I}})\rho_{42}]$$

$$\dot{\rho}_{43} = -\gamma_{43}\rho_{43} + \frac{i}{2}(\rho_{42}\Omega_c + \rho_{44}\Omega_{\text{I}} - \rho_{33}\Omega_{\text{I}} - \rho_{53}\Omega_{\text{II}} - 2\Delta_{\text{I}}\rho_{43})$$

$$\dot{\rho}_{44} = \Gamma_5\rho_{55} - \Gamma_4\rho_{44} - \frac{i}{2}(\rho_{34}\Omega_{\text{I}} - \rho_{43}\Omega_{\text{I}} - \rho_{45}\Omega_{\text{II}} + \rho_{54}\Omega_{\text{II}})$$

$$\dot{\rho}_{45} = -\gamma_{45}\rho_{45} - \frac{i}{2}(\rho_{35}\Omega_{\text{I}} - \rho_{44}\Omega_{\text{II}} + \rho_{55}\Omega_{\text{II}} - 2\Delta_{\text{II}}\rho_{45})$$

$$\dot{\rho}_{51} = -\gamma_{51}\rho_{51} - \frac{i}{2}[-\rho_{52}\Omega_p + \rho_{41}\Omega_{\text{II}} + 2(\Delta_p + \Delta_c + \Delta_{\text{I}} + \Delta_{\text{II}})\rho_{51}]$$

$$\dot{\rho}_{52} = -\gamma_{52}\rho_{52} + \frac{i}{2}[\rho_{51}\Omega_p + \rho_{53}\Omega_c - \rho_{42}\Omega_{\text{II}} - 2(\Delta_c + \Delta_{\text{I}} + \Delta_{\text{II}})\rho_{52}]$$

$$\dot{\rho}_{53} = -\gamma_{53}\rho_{53} + \frac{i}{2}[\rho_{52}\Omega_c + \rho_{54}\Omega_{\text{I}} - \rho_{43}\Omega_{\text{II}} - 2(\Delta_{\text{I}} + \Delta_{\text{II}})\rho_{53}]$$

$$\dot{\rho}_{54} = -\gamma_{54}\rho_{54} + \frac{i}{2}(\rho_{53}\Omega_{\text{I}} - \rho_{44}\Omega_{\text{II}} + \rho_{55}\Omega_{\text{II}} - 2\Delta_{\text{II}}\rho_{54})$$

$$\dot{\rho}_{55} = -\Gamma_5\rho_{55} - \frac{i}{2}(\rho_{45}\Omega_{\text{II}} - \rho_{54}\Omega_{\text{II}}) \tag{2.37}$$

同样，在初始条件和稳态条件（$\dot{\rho}_{ii} = \dot{\rho}_{ij} = 0$）下求解五能级系统的相干项 ρ_{21} 的稳态解，但由于五能级系统中经多普勒平均后的稳态解十分复杂，我们只对该过程进行数值计算模拟。图 2.10 为相关的弱探测相干光谱的模拟结果图，图中━线是里德堡 EIT 光谱，▲线是里德堡 EIT-ATS 光谱，━线是微波场 I 和微波场 II 都存在时的里德堡相干光谱。当微波场 II 作用在里德堡能级 4 和 5 之间时，部分原子被激发到 5 态上，重新形成了相干叠加的"暗态"，在共振位置重新出现了一个透射峰，这种现象称为相干布居转移效应，简称 CPT 效应[108,109]。构建如上所述的五能级结构更有利于对原子布居的动态转移过程进行研究。

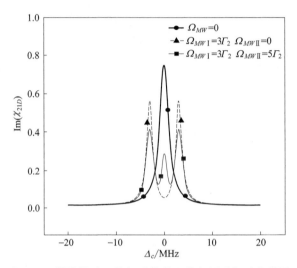

图 2.10 微波辅助五能级系统的里德堡原子相干光谱图

2.3 本章小结

理论构建了多能级的里德堡原子，根据里德堡能量公式获得里德堡态跃迁频率与量子亏损的关系，利用不同里德堡态的共振跃迁频率，提取相应能级的量子亏损。通过求解密度矩阵获得了该系统处于平衡状态时的稳态解，根据原子的极化率与各个参数的关系模拟了对应能级的里德堡 EIT 光谱。理论上构建了基于光学谐振腔的里德堡原子系统，利用光学谐振腔与里德堡原子的强相互作用，可以有效增强里德堡 EIT 的信号。理论分析了额外引入的微波场对里德堡原子相干光谱的影响，阐明了里德堡态间的相干布居转移过程。

第 3 章

基于微波场辅助里德堡 EIT 光谱的量子亏损测量

里德堡原子具有大的偶极矩（约 n^2）、长的辐射寿命（约 n^3）和大的极化率（约 n^7）等特性，被广泛应用于量子信息处理[110,111]、非线性量子光学[48,112,113] 以及微波和太赫兹场检测[48,81,114] 等领域。在碱金属原子中，由于原子的原子实与价电子之间的相互作用导致与氢原子能级存在偏差，这一特性可以用量子亏损来描述[86]。量子亏损的准确值为预测任何电荷核心的高能态特性提供了理论基础，包括斯塔克效应[115]、离子偶极子和原子的四极极化率等[90,116,117]。

由于里德堡原子具有丰富的能级结构，可以采用多种跃迁通道实现原子从基态到里德堡态的跃迁，通常采用直接光学激发或者光与微波结合的激发方式，见图 3.1。最初，量子亏损的测量主要是通过测量激光的频率来进行的。例如利用单光子激发方式将原子由基态直接激发到里德堡态，通过波长

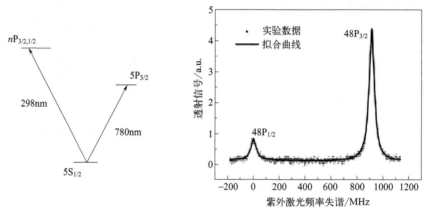

(a) 紫外光单光子激发光谱的量子亏损测量[20]

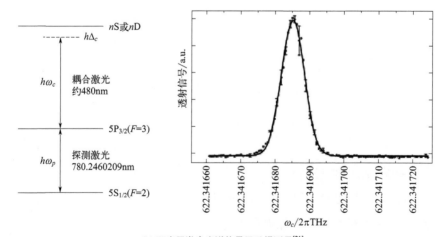

(b) 双光子激发光谱的量子亏损测量[21]

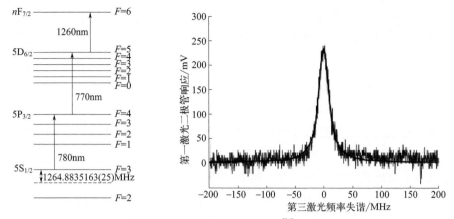

(c) 三光子激发光谱的量子亏损测量[34]

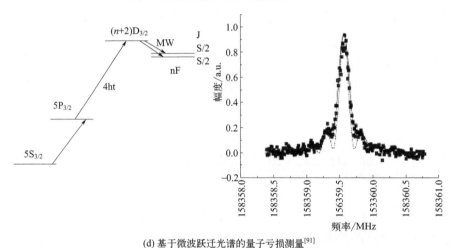

(d) 基于微波跃迁光谱的量子亏损测量[91]

图 3.1　铷原子里德堡态量子亏损的几种测量方法

计测量其跃迁频率实现量子亏损的测量[19,86]，见图 3.1（a）。通过光学双光子或三光子激发方式将铷原子由基态激发到里德堡态，通过对其绝对跃迁频率测量实现量子亏损的测量[18,85,87]，见图 3.1（b）和（c）。更高频率精度的测量可以通过光学频率梳进行频率校准[21,33,34]。但是由于光学频率梳价格昂贵，操作复杂，使得利用其进行激光频率校准也存在局限性。

随后研究者提出了高精度和高分辨率的微波跃迁光谱测量方法（约为 kHz 量级）。通过微波跃迁光谱可以精确读取里德堡态的跃迁频率，实现里德堡态量子亏损的测量[67]，见图 3.1（d）。或者在已知微波场强度的情况下，基于已知频率预估绝对频率的外推法可以将测量精度提高几个数量级。

因此，采用微波辅助 EIT 光谱结合里德堡外推法的新实验方法，可以大幅提高量子亏损的测量精度[88-90]。里德堡态跃迁频率的精确测量，加速了人们对于高轨道角动量里德堡态的研究。

铷原子在电场测量、经典通信以及量子计算等领域的广泛应用，引起了人们对里德堡态量子亏损等基本性质的研究。而高轨道角动量 nP 和 nF 里德堡态因以下几个优势被重点研究。①激光器技术不成熟，缺乏激发相应能级跃迁的激光器，使得相关研究难以实现[34,81]。②nP 态比较适合研究经典的激发阻塞、"蝴蝶"型里德堡分子以及里德堡缀饰态等效应[118,119]。③nF 态具有丰富的超精细能级，更有利于电场和磁场效应的研究[120]。

在本章中，我们主要通过微波辅助 EIT 光谱精确测量 ^{85}Rb 原子 nP$_{3/2}$ 和 nF$_{7/2}$ 里德堡态的量子亏损。通过失谐的光场和微波场激发原子跃迁获得 nP$_{3/2}$ 和 nF$_{7/2}$ 里德堡 EIT 光谱。基于里德堡态 Stark 效应与微波场强度的依赖关系，测量不同微波场强度时里德堡态的跃迁频率，并通过外推法获得微波场强度为零时 nD$_{5/2}$—$(n+1)$P$_{3/2}$ 和 $(n-1)$F$_{7/2}$(n=51~57) 跃迁的共振跃迁频率。根据修正的 Rydberg-Ritz 公式提取了 P$_{3/2}$ 和 F$_{7/2}$ 系列里德堡态的量子亏损。

3.1 微波-光学跃迁光谱

3.1.1 微波场的单光子激发

根据之前的论述，里德堡原子的制备通常是利用单步激发、两步激发以及三步激发等方式实现的。单步激发和两步激发均采用光学激发的方式，而三步激发有两种方法：一种是利用三束近红外激光将原子由基态 5S 通过 5P 和 5D 两个中间态激发到 nP 或者 nF 里德堡态；另一种是利用一束近红外激光和一束蓝光将原子由基态 5S 通过中间态 5P 态激发到 nS 或者 nD 里德堡态，再通过一个微波场将原子由 nS 里德堡态激发至 nP 或者 $(n+1)$S 态；或从 nD 里德堡态激发至 $(n-1)$F、$(n+1)$P 或者 $(n+1)$D 里德堡态。近年来，微波技术的快速发展，促进了其在雷达、通信、气象以及医疗等领域的广泛应用。里德堡原子由于具有大的极化率等特性，使其对外场具有很高的灵敏度，同时具有很宽的频率响应范围（MHz~THz）。因此，里德堡原子可以作为微波场研究的良好媒介。基于微波场的里德堡态激发也可以分为两种方式：单光子激发和双光子激发。单光子激发方式的跃迁概率较高，具有较高的激发效率，比较适用于跃迁频率较低的高主量子数里德堡态跃迁。双光子激发方法需要微波场的频率满足双光子共振条件，跃迁概率较单光子跃迁方法低，而且激发过程中需要更高的微波场强度，该方法适用于微波场的频率无法满足相邻里德堡态单光子跃迁的情况。

随着微波场和里德堡原子的结合，基于里德堡原子的微波光谱技术也有了广泛的研究前景，包括里德堡原子基本性质研究（比如超精细结构、量子亏损以及极化率的测量）、微波传感器、量子通信以及量子器件测量等。微波场的单光子激发光谱已经发展了很多年。由于 K 波段的微波技术比较成熟，所以基于此波段范围的微波单光子激发光谱研究较多。比如 T. F. Gallagher 小组利用单光子激发的微波光谱实现了铷原子 nS、nP 和 nD 里德堡态的跃迁频率和量子亏损的精密测量[67]，见图 3.2(a)。英国杜伦大学 M. Tanasittikosol 小组基于冷铷原子系统研究了共振微波场对涉及高

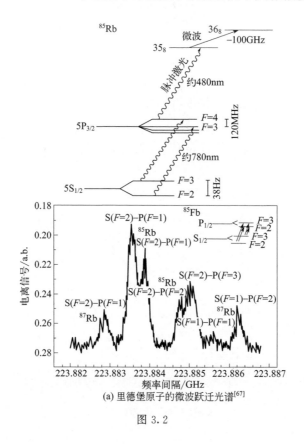

(a) 里德堡原子的微波跃迁光谱[67]

图 3.2

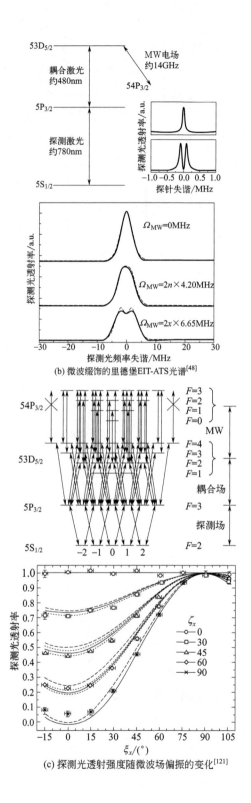

(b) 微波缀饰的里德堡EIT-ATS光谱[48]

(c) 探测光透射强度随微波场偏振的变化[121]

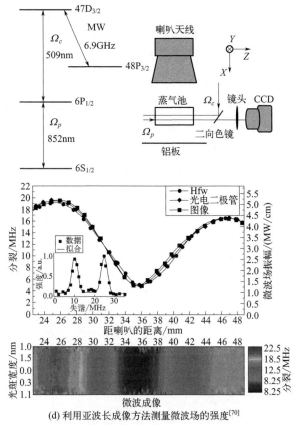

(d) 利用亚波长成像方法测量微波场的强度[70]

图 3.2　基于 K 波段的微波单光子激发光谱研究

激发的里德堡 EIT 的影响，其中最明显的是微波场可以增强里德堡原子间的相互作用[25]。J. P. Shaffer 小组首次在铷原子的四能级结构中利用微波场辅助的里德堡 EIT 光谱实现了微波场强度的精密测量，并且具有很高的测量灵敏度[48]，见图 3.2(b)。随后，该小组详细研究了微波场的不同偏振对微波场辅助里德堡 EIT 光谱的影响[121]，见图 3.2(c)。同时，也首次利用亚波长成像的方法实现了微波场的强度测量[70]，见图 3.2(d)。

　　此外，基于里德堡原子的微波单光子激发方式在其他领域也得到了广泛的研究。2016 年，H. S. Moon 小组基于里德堡原子详细研究了微波-光学激发的三光子相干现象，并分析了阶梯型原子系统中里德堡 EIT 和 TPEIA 的 AT 分裂依据[29]，见图 3.3(a)。同年，C. L. Holloway 小组基于微波单光子激发的方式同时利用碱金属铷原子和铯原子进行了微波场的强度测量[71]，实验结果表明通过两种里德堡原子测量的电场强度基本一致，所以基于里德堡原子的微波场测量是有效的，见图 3.3(b)。随后，基于里德堡原子的微波场的强度测量方法和测量精度随着众多科研小组的深入研究逐步得到完善和提高。2018 年，W. Li 小组利用六波混频的原理实现了相干微波到光学的转化[62]，见图 3.3(c)。实验研究了微波场的功率对产生的相干光功率的影响，而且产生的相干光可以用作高灵敏、高带宽的微波通信。A. B. Deb 和 C. L. Holloway 等小组也开展了基于里德堡原子的经典通信研究，通过将携带基带信号的微波场与里德堡原子相互作用，将基带信号编码到激光场实现信息的传输[122,123]，见图 3.3(d)。此外，基于微波场与里德堡原子的相互作用也实现了天线的增益和相位的精密测量[66,81,124]。

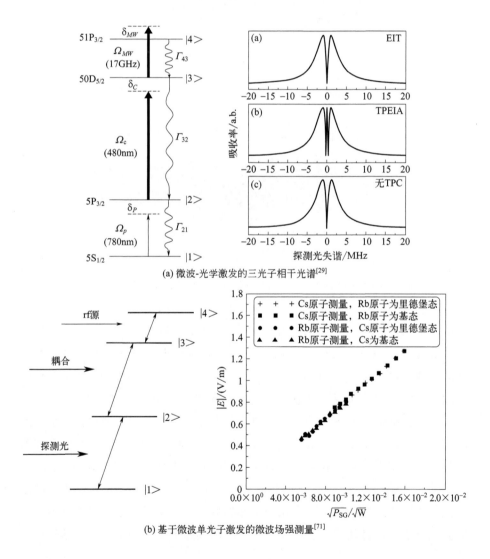

(a) 微波-光学激发的三光子相干光谱[29]

(b) 基于微波单光子激发的微波场强测量[71]

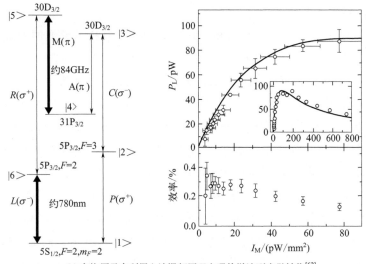

(c) 在铷原子中利用六波混频原理实现的微波到光学转化[62]

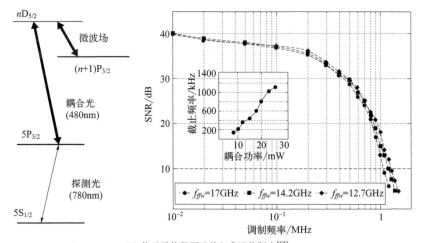

(d) 基于里德堡原子的经典通信研究[63]

图 3.3　基于里德堡微波单光子激发方式的研究与应用

3.1.2　微波场的双光子激发

由于低频微波场的技术相对成熟，而高频微波场通常是利用多个倍频仪器将低频信号转换成高频信号，在转换过程中既要考虑频率的变化，还需要考虑倍频后微波场的功率变化，所以此技术过程相对复杂。与光学跃迁相似，人们提出了利用双光子激发的方法，通过两个跃迁态中间的虚能级实现对应能级的跃迁。相对于高频微波场的单光子激发，双光子激发方法所需设备更少，操作也更简单。

早在 1976 年，T. F. Gallagher 小组在钠原子中利用微波的双光子激发方法分别实现了 $16G_{7/2}$ 和 $14H_{9/2}$ 里德堡态的制备[125]，见图 3.4(a)。2014年，D. A. Anderson 小组利用微波场的双光子跃迁方法研究了室温里德堡原子的强场效应[126]，如图 3.4(b) 所示。2019 年，M. Peper 小组利用双光子微波跃迁光谱研究了 ^{39}K 原子 nP 和 nF 两个相邻里德堡态的跃迁，并精确测量了对应的电离能[127]，见图 3.4(c)。T. F. Gallagher 小组利用微波双光子激发的方法同时实现了铷原子 nP$_{1/2,3/2}$ 和 $(n-2)$F 里德堡态的制备，还详细地研究了微波跃迁光谱随微波场功率的变化[31]，见图 3.5(a)。C. A. Sackett 小组在 2020 年利用双光子激发方案分别实现了 nF 到 nH 和 nI里德堡态的跃迁，通过其微波跃迁光谱实现了对应能级精确的跃迁频率和核心极化率的测量[90]，见图 3.5(b)。同年，K. Moore 小组也采用双光子的激发方案实现了 nG 到 $(n+2)$G 里德堡态的跃迁光谱[89]，见图 3.5(c)。

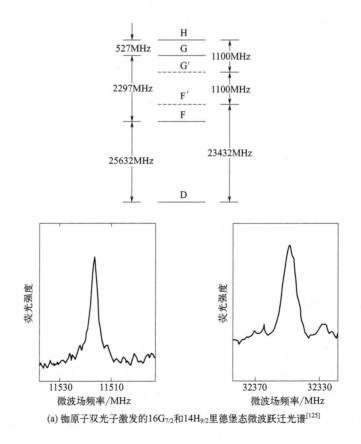

(a) 铷原子双光子激发的$16G_{7/2}$和$14H_{9/2}$里德堡态微波跃迁光谱[125]

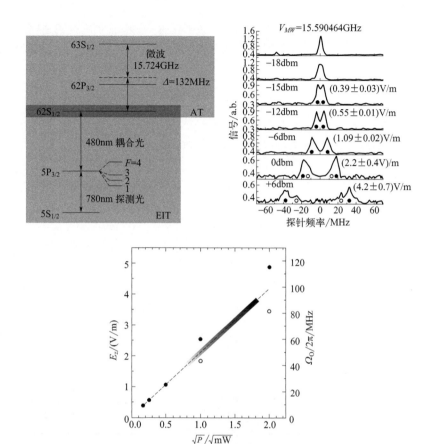

(b) 铷原子63S$_{1/2}$里德堡态双光子微波跃迁光谱[126]

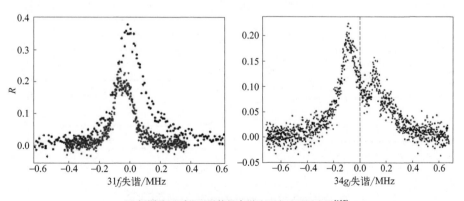

(c) 钾原子31F和35F里德堡态微波双光子跃迁光谱[127]

图 3.4　微波场双光子激发技术

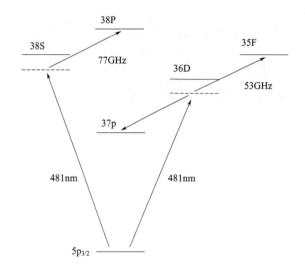

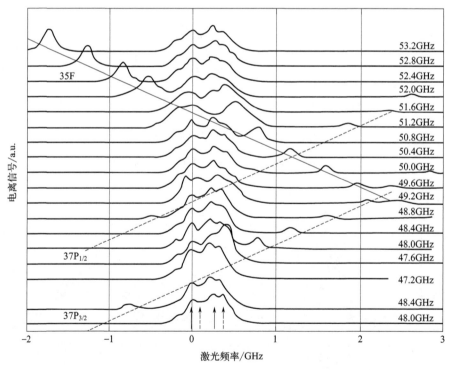

(a) 铷原子37P$_{1/2,3/2}$和35F里德堡态微波跃迁光谱[31]

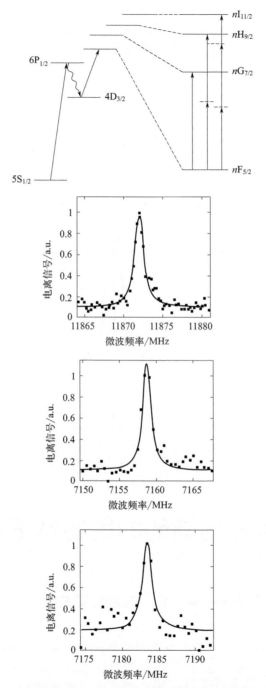

(b) 铷原子19G$_{7/2}$、19H$_{9/2}$和19I$_{11/2}$里德堡态微波跃迁光谱[90]

图 3.5

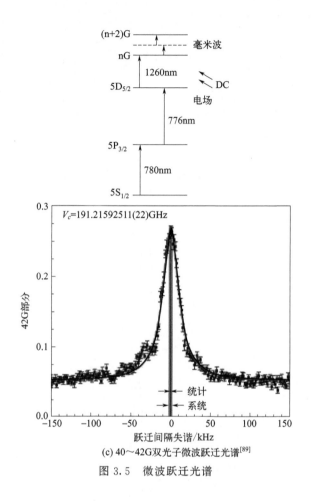

(c) 40～42G双光子微波跃迁光谱[89]

图 3.5　微波跃迁光谱

3.2　微波场辅助的里德堡 EIT 光谱

3.2.1　微波场辅助里德堡 EIT 光谱的理论模型

图 3.6 为基于里德堡铷原子构建的四能级系统。一束波长为 780nm 的弱探测激光将原子由基态 $5S_{1/2}$ 激发至激发态 $5P_{3/2}$，一束较强的耦合激光（480nm）将原子由激发态 $5P_{3/2}$ 耦合至 $nD_{5/2}$ 里德堡态，Δ_c 为耦合激光的频率失谐。然后，通过微波场将原子从 $nD_{5/2}$ 态激发至相邻的 $(n+1)P_{3/2}$ 或者 $(n-1)F_{7/2}$ 里德堡态。当主量子数 n 为 57 时，对应微波场的频率分

别为 11.36GHz 和 12.47GHz。

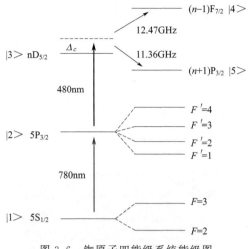

图 3.6 铷原子四能级系统能级图

为了清晰地解释该现象，我们用麦克斯韦方程计算探测场 $\varepsilon_p(\vec{r})$ 的传输。通过慢包络近似并忽略透镜效应或衍射后[128]，麦克斯韦方程可以简化为：

$$\partial_z \varepsilon_p(\vec{r}) = i \frac{\pi}{\lambda_p} \chi(\vec{r}) \varepsilon_p(\vec{r}) \tag{3.1}$$

式中，$\chi(\vec{r})$ 是原子的极化率。由于在 EIT 的机制中探测光的功率非常小，所以四能级原子系统的极化率可以简化为：

$$\chi = i \frac{N_0 \Gamma \sigma_0 \lambda_p}{4\pi \left[\gamma_{12} - i\left(\Delta_p - \dfrac{\Omega_c^2}{4\Delta_s L_{13}} \right) + \dfrac{\Omega_c^2 \Omega_{MW}^2}{16\Delta_c^2 L_{13}(L_{13}L_{14} + i\Delta_2)} \right]} \tag{3.2}$$

式中，N_0 是原子的密度；σ_0 是共振散射截面，$\sigma_0 = 3\lambda_p^2 / 2\pi$；$\lambda_p$ 是探测激光的波长；Δ_p、Δ_c 和 Δ_{MW} 分别表示探测场、耦合场和微波场与其各自的原子共振跃迁频率相比的失谐；Ω_p、Ω_c 和 Ω_{MW} 分别代表探测场、耦合场和微波场的 Rabi 频率；γ_{ij} 是状态 $|i>$ 和 $|j>$ 之间原子相干性的相移率，γ_{12} 约为 $\Gamma/2$；L_{13} 和 L_{14} 是关于频率失谐和一些相移率的系数，$L_{13} = 1 + (\Delta_p + i\gamma_{13})/\Delta_c$，$L_{14} = \gamma_{14} - i(\Delta_p + \varepsilon\Delta_c + \Delta_{MW})$，$\varepsilon$ 是一个系数，对于 $(n+1)P_{3/2}$ 态，$\varepsilon = -1$，对于 $(n-1)F_{7/2}$ 态，$\varepsilon = 1$；Δ_1 是相对于 Ω_c 的频移，$\Delta_1 = \Omega_c^2 / 4\Delta_c$；$\Delta_2$ 是相对于 Ω_{MW} 的频移，$\Delta_2 = \Omega_{MW}^2 / 4\Delta_c$。

当耦合激光具有较大的频率失谐时，耦合场和微波场可以等效为一个有效耦合场，将原子从激发态耦合至里德堡态 $(n+1)P_{3/2}$ 或者 $(n-1)F_{7/2}$，公式(3.2) 可以近似为：

$$\chi \approx \cfrac{3N_0\Gamma\lambda_p^3}{8\pi^2\left[\gamma_{12}-\mathrm{i}(\Delta_p-\varepsilon\Delta_1)+\cfrac{\Omega_c^2\Omega_{MW}^2}{16\Delta_c^2\left[\gamma_{14}-\mathrm{i}(\Delta_p+\varepsilon\Delta_c+\Delta_{MW}-\varepsilon\Delta_2)\right]}\right]} \tag{3.3}$$

利用式(3.3) 分别理论计算和模拟了 $56F_{7/2}$ 和 $58P_{3/2}$ 里德堡态的微波辅助里德堡 EIT 光谱，如图 3.7 所示。图中 (a) 和 (b) 分别为理论模拟

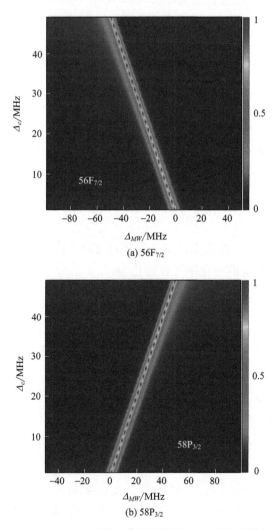

(a) $56F_{7/2}$

(b) $58P_{3/2}$

图 3.7　理论模拟 $56F_{7/2}$ 和 $58P_{3/2}$ 里德堡态微波辅助 EIT 光谱随耦合光频率失谐的变化

的 $5S_{1/2}$—$56F_{7/2}$ 和 $5S_{1/2}$—$58P_{3/2}$ 跃迁的微波辅助 EIT 光谱随耦合光频率失谐的变化。根据图 3.6 中的跃迁能级可知，原子从基态跃迁至 $56F_{7/2}$ 和 $58P_{3/2}$ 里德堡态时均需要满足三光子共振条件，所以当探测光频率共振，耦合光频率蓝失谐时，会导致 $57D_{5/2}$—$56F_{7/2}$ 的跃迁频率红失谐，$57D_{5/2}$—$58P_{3/2}$ 的跃迁频率蓝失谐。因此，对应的微波辅助 EIT 光谱会随其频率失谐方向移动。

3.2.2 微波场辅助里德堡 EIT 光谱的实验研究

图 3.8 为实验装置的示意图。探测光由德国 Toptica 公司生产的外腔二极管激光器产生，其中心波长为 780nm，利用饱和吸收光谱方法将其频率锁定在 $5S_{1/2}(F=3)$—$5P_{3/2}(F'=4)$ 超精细跃迁线上。耦合光由中心波长为 960nm 的倍频放大二极管激光器产生。该光束被半波片和偏振分束棱镜组合分成两束：一束通过与探测光和铷原子作用获得里德堡 EIT 光谱进行耦合激光器的频率锁定；另一束进入由两个声光调制器组成的移频系统，该系统可实现较小的频率调节，其频率则是通过波长计进行监测的。通过在耦合光路中引入 1.5kHz 调制频率的斩波器，实现耦合场的幅度调制，以提高光谱的信噪比。然后，该光束与探测光束在长度为 100mm、直径为 25mm 的铷蒸气池中心相互作用。通过光电二极管探测穿过蒸气池的探测光束，并由锁定放大器进行解调获得高信噪比的里德堡 EIT 光谱。

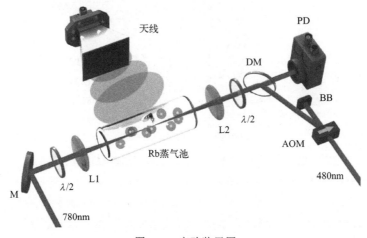

图 3.8 实验装置图

$\lambda/2$—半波片；M—反射镜；DM—二向色镜；L—透镜；AOM—声光调制器；PD—光电探测器

对应的微波场由矢量信号发生器产生，然后通过标准增益喇叭天线辐射至原子蒸气池。喇叭天线的方向垂直于探测光束和耦合光束的传播方向，并且与原子蒸气池之间的距离满足远场条件。当微波场频率在 $n\mathrm{D}_{5/2}$ 到 $(n+1)\mathrm{P}_{3/2}$ ［或 $(n-1)\mathrm{F}_{7/2}$］跃迁范围扫描时，可以获得微波辅助的里德堡 EIT 光谱。

图 3.9 是通过扫描耦合激光频率同时改变微波场的频率获得的微波辅助里德堡 EIT 光谱。实验过程中探测光的频率通过饱和吸收光谱锁定于 $5\mathrm{S}_{1/2}$ $(F=3)$—$5\mathrm{P}_{3/2}$ $(F'=4)$ 超精细跃迁线，耦合光的频率扫描范围覆盖 $5\mathrm{P}_{3/2}$ $(F'=4)$—$57\mathrm{D}_{5/2}$ 跃迁。图中箭头表示 $5\mathrm{P}_{3/2}$ $(F'=4)$—$57\mathrm{D}_{3/2}$ 和 $5\mathrm{P}_{3/2}$ $(F'=4)$—$57\mathrm{D}_{5/2}$ 跃迁峰的位置。探测光和耦合光的功率分别为 $14\mu\mathrm{W}$ 和 $30\mathrm{mW}$。当向原子系统施加功率为 $6\mathrm{dBm}$❶ 的微波场时，将微波场的频率从 $10.884\mathrm{GHz}$ 增加到 $12.804\mathrm{GHz}$，可以观察到 $58\mathrm{P}_{3/2}$ 和 $56\mathrm{F}_{7/2}$ 态透射峰的变化。在 $10.884\mathrm{GHz}$ 的微波频率处，首先出现了 $58\mathrm{P}_{3/2}$ 态的透射峰。随着微波频率的增加，可以

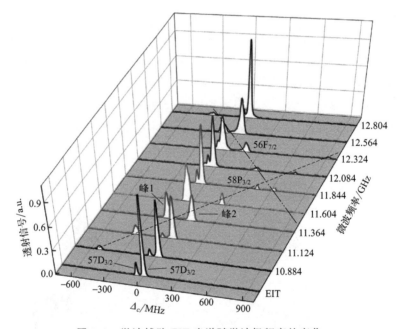

图 3.9　微波辅助 EIT 光谱随微波场频率的变化

图中引线对应的峰为无微波场作用时 $5\mathrm{P}_{3/2}$ $(F'=4)$—$57\mathrm{D}_{3/2}$ 和 $5\mathrm{P}_{3/2}$ $(F'=4)$—$57\mathrm{D}_{5/2}$ 的跃迁峰，虚线标记的峰为两个 AT 分裂峰随微波场频率变化的变化轨迹

---

❶　dBm 是无线电通信和射频工程常用的单位，表示相对于 $1\mathrm{mW}$ 的功率水平，$P_{\mathrm{dBm}}=10\lg(P_{\mathrm{MW}})$。

发现峰的中心位置随着微波场频率的改变而发生变化，其轨迹如图3.9中虚线所示。当微波场的频率11.364GHz与57D$_{5/2}$—58P$_{3/2}$跃迁频率近共振时，57D$_{5/2}$态的EIT峰被分裂为两个高度相同的对称峰（峰1和峰2）。随着微波场频率的继续增大，出现了一个有趣的现象：当微波场频率为11.604GHz时，出现了56F$_{7/2}$态的透射峰，并且透射峰的中心位置也随着微波场频率的增大而移动（图3.9中的双点划线）并逐渐变得明显；而在微波场频率为12.084GHz时，58P$_{3/2}$态的透射峰变得很小，在微波频率为12.324GHz时仍然可以分辨。因此，可以在激光场和微波场频率失谐，小于几百兆赫兹的范围内测量的光谱中获得58P$_{3/2}$和56F$_{7/2}$态的透射峰。

随后，通过5S$_{1/2}$—5P$_{3/2}$—57D$_{5/2}$跃迁的EIT光谱将耦合激光的频率进行锁定，然后扫描微波场的频率研究了57D$_{5/2}$—58P$_{3/2}$和56F$_{7/2}$跃迁的微波辅助里德堡EIT光谱。图3.10（a）是当微波场的Rabi频率（Ω_M）为

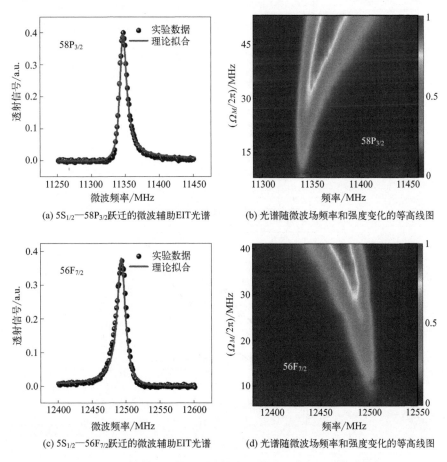

(a) 5S$_{1/2}$—58P$_{3/2}$跃迁的微波辅助EIT光谱   (b) 光谱随微波场频率和强度变化的等高线图

(c) 5S$_{1/2}$—56F$_{7/2}$跃迁的微波辅助EIT光谱   (d) 光谱随微波场频率和强度变化的等高线图

图3.10　不同态下的跃迁微波辅助光谱及对应的光谱等高线图

$2\pi\times14.3$MHz 时，$58P_{3/2}$ 态的微波辅助 EIT 光谱与微波场频率的关系。耦合激光的频率通过由两个声光调制器组成的频移系统，调节至 $5P_{3/2}$—$57D_{5/2}$ 共振跃迁的蓝色失谐 30MHz 处，这导致 $57D_{5/2}$—$58P_{3/2}$ 跃迁的微波场频率失谐为蓝失谐，对于 $57D_{5/2}$—$56F_{7/2}$ 跃迁的微波场频率失谐为红失谐。图 3.10(c) 是当 Ω_M 为 $2\pi\times17.59$MHz 时，$56F_{7/2}$ 态的微波辅助 EIT 光谱，从图中可以看到，激光频率失谐导致了光谱的非对称性。图 3.10（b）和（d）分别展示了 $58P_{3/2}$ 和 $56F_{7/2}$ 态的微波辅助 EIT 光谱随微波场强度变化的等高线图。从图中可以发现随着微波场强度的增加，相邻里德堡态之间的强跃迁导致激发至 $58P_{3/2}$ 和 $56F_{7/2}$ 态的原子数量增加，因此微波辅助 EIT 光谱的幅度增加。同时，由于功率展宽效应，光谱的线宽也逐渐加宽。

我们进一步提取了对应 EIT 峰值幅度和半高全宽的变化。图 3.11（a）

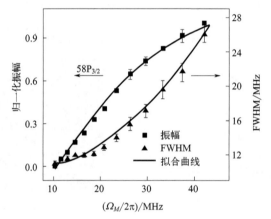

(a) $5S_{1/2}$—$58P_{3/2}$跃迁峰值幅度和半高全宽随微波场Rabi频率的变化

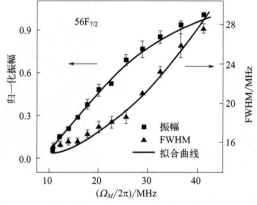

(b) $5S_{1/2}$—$56F_{7/2}$跃迁峰值幅度和半高全宽随微波场Rabi频率的变化

图 3.11　EIT 峰值幅度和半高全宽的变化

和（b）分别表示了 $5S_{1/2}$—$58P_{3/2}$ 和 $5S_{1/2}$—$56F_{7/2}$ 跃迁的峰值幅度（正方形）和半高全宽（三角形）随微波场 Rabi 频率的变化。图中峰值幅度的归一化是根据 Ω_M 分别为 $2\pi \times 44\text{MHz}$（$58P_{3/2}$）和 $2\pi \times 42.2\text{MHz}$（$56F_{7/2}$）时微波辅助 EIT 光谱的最大幅度处理的。每次测量时，在共振频率范围内扫描微波频率，整个扫描过程至少重复 10 次。为了定量地解释实验结果，我们根据对应的理论模型［式（3.3）］对实验结果进行了验证，图 3.10 中的曲线为理论拟合结果，实验结果与理论拟合结果非常吻合。

3.2.3 里德堡态跃迁能量的精密测量

由于失谐的微波场引起了 $58P_{3/2}$ 和 $56F_{7/2}$ 态的 AC Stark 频移，所以微波辅助 EIT 光谱的中心频率会随 Ω_M 移动。AC Stark 频移的方向由微波场相对于其共振频率的失谐方向决定。图 3.12 显示了从图 3.10(b) 和 (d) 中分别提取的 $57D_{5/2}$—$58P_{3/2}$ 跃迁（六边形）和 $57D_{5/2}$—$56F_{7/2}$ 跃迁（菱形）的中心频率随 Ω_M 的变化。曲线表示与 Ω_M 二次方变化的理论拟合。可以看出，$57D_{5/2}$—$58P_{3/2}$ 跃迁的中心频率随着 Ω_M 的增加而增加，而 $57D_{5/2}$—$56F_{7/2}$ 跃迁的中心频率随着 Ω_M 的增加而减小。其共振跃迁频率通过将有微波场作用时测量的跃迁频率外推到微波场强度为零而获得，拟合误差小于 0.4MHz。考虑到失谐耦合场引起的微波场频率失谐，校正后的 $57D_{5/2}$—$58P_{3/2}$ 和 $56F_{7/2}$ 跃

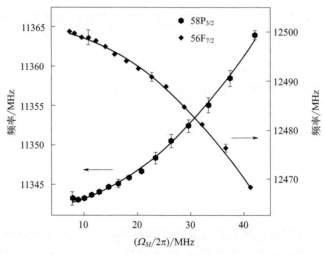

图 3.12　$57D_{5/2}$—$58P_{3/2}$ 和 $57D_{5/2}$—$56F_{7/2}$ 跃迁频率随微波场 Rabi 频率的变化

六边形和菱形均代表实验结果曲线表示对 Ω_M 的二次方变化的拟合

迁频率分别为 11368.621(65)MHz 和 12473.974(69)MHz。此外，通过相同的方法测量了 $nD_{5/2}-(n+1)P_{3/2}$ 和 $nD_{5/2}-(n-1)F_{7/2}$ 跃迁（$n=51\sim56$）的一系列原子共振跃迁频率。结果值列在表 3.1 中，数值均是三次测量值的平均值。

测量过程中，影响跃迁频率测量精度的因素主要包括探测光和耦合光的频率不稳定性、透射峰的中心频率拟合和外推法拟合的精度。我们将探测激光的频率通过饱和吸收光谱锁定，这个过程中频率的不稳定性小于 600kHz，并且频率不稳定性导致耦合激光的频移约 370kHz。耦合激光的频率通过 EIT 光谱锁定，其产生的频移小于 800kHz。光谱线宽随着微波场强度的增加而增加，这也限制了光谱的分辨率并导致多次测量的最大拟合误差约为 0.5MHz。外推法的最大不确定性约为 0.4MHz。这些误差相加得到的总误差小于 1.2MHz。

表 3.1　$nD_{5/2}-(n+1)P_{3/2}$ 和 $nD_{5/2}-(n-1)F_{7/2}$（$n=51\sim57$）跃迁对应的频率

n	修正后区间/MHz	
	$nD_{5/2}-(n+1)P_{3/2}$	$nD_{5/2}-(n-1)F_{7/2}$
51	16028.692(87)	17546.568(70)
52	15094.847(67)	16530.136(17)
53	14232.140(62)	15592.839(88)
54	13432.920(84)	14722.367(36)
55	12693.552(29)	13918.792(23)
56	12006.073(38)	13170.197(22)
57	11368.621(65)	12473.974(69)

3.3　里德堡态量子亏损的精密测量

3.3.1　nP 和 nF 态量子亏损的精密测量

相邻两个能级之间的频率差可以根据涉及两个能级的量子亏损的跃迁能量公式计算得到：

$$v_{nn'}=R^*c\left[\frac{1}{(n-\delta_n)^2}-\frac{1}{(n'-\delta_{n'})^2}\right] \tag{3.4}$$

式中，n 和 n' 分别表示原子跃迁的初态和最终态；$c=2.99792458\times10^{10}\,\text{m/s}$，是光速；$R^*=109736.605\,\text{cm}^{-1}$，是里德堡常数；$\delta_n$ 和 $\delta_{n'}$ 分别是初始态 $nD_{5/2}$ 和最终态 $(n+1)P_{3/2}$ 或 $(n-1)F_{7/2}$ 的量子亏损。当 $n>20$ 时，量子

亏损可以通过修正的 Rydberg-Ritz 公式来近似：

$$\delta_n \approx \delta_0 + \frac{\delta_2}{(n-\delta_0)^2} \tag{3.5}$$

式中，δ_0 和 δ_2 是量子亏损常数。

根据公式(3.4)，可知 $P_{3/2}$ 或 $F_{7/2}$ 系列里德堡态的量子亏损也可以通过得到的相应原子能级间的频率提取出来。为了验证实验数据的准确性，根据之前的相关研究，将 $P_{3/2}$ 系列里德堡态的 δ_2 值固定，$\delta_2 = 0.295$[67]；将 $F_{7/2}$ 系列里德堡态的 δ_2 固定，$\delta_2 = -0.0784$[34]。在实验中，对于 $D_{5/2}$ 系列的量子亏损，采用了之前的测量结果 $\delta_0 = 1.34646572$，$\delta_2 = -0.59600$[67]。通过

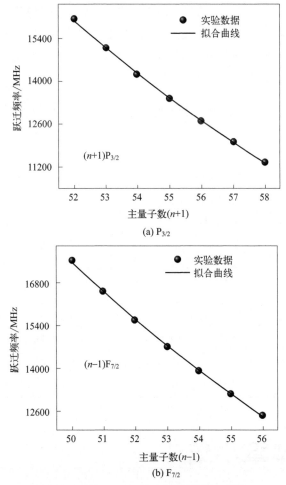

图 3.13　通过修正的 Rydberg-Ritz 公式拟合分别获得 $P_{3/2}$ 和 $F_{7/2}$

系列里德堡态的量子亏损值

拟合实验测量的数据提取量子亏损常数 δ_0。如图 3.13 中的曲线所示，通过拟合测量的跃迁频率获得 $P_{3/2}$ 和 $F_{7/2}$ 系列的量子亏损。拟合的结果是 $P_{3/2}$ 系列里德堡态的量子亏损为 $\delta_0 = 2.64142\,(15)$（固定 $\delta_2 = 0.295$），$F_{7/2}$ 系列里德堡态的为 $\delta_0 = 0.016411(16)$（固定 $\delta_2 = -0.0784$）。

3.3.2 量子亏损测量结果的评估与讨论

表 3.2 是其他实验小组利用不同的激发过程测量到的 $nP_{3/2}$ 和 $nF_{7/2}$ 里德堡态的量子亏损，括号内的数字为标准误差。从表中可以发现，我们的测量结果与之前的测量结果相比保持了良好的一致性。而更高测量精度的量子亏损可以使用超低膨胀（ULE）的腔对激光频率进行稳定，以减少频移。此外，还可以通过扩大主量子数 n 的测量范围实现更多相应里德堡态跃迁频率的测量，减小拟合误差，或者将实验转移到冷原子系统中进行，实现更高精度的量子亏损测量。

表 3.2 ^{85}Rb 原子 $P_{3/2}$ 和 $F_{7/2}$ 态量子亏损常数 δ_0 和 δ_2

参考	激发过程	δ_0	δ_2
	$nP_{3/2}$		
2003,Li et al.[67]	$5S_{1/2} - 5P_{3/2} - nS_{1/2} - nP_{3/2}$	2.6548849(10)	0.2950(7)
2009,Sanguinetti et al.[33]	$5S_{1/2} - 5P_{3/2} - 5D_{5/2} - nP_{3/2}$	2.641352	0.4822
2018,Li et al.[18]	$5S_{1/2} - nP_{3/2}$	2.6415(3)	0.295(固定)
2019,Li et al.[19]	$5S_{1/2} - nP_{3/2}$	2.64115	0.295(固定)
本书工作	$5S_{1/2} - 5P_{3/2} - nD_{5/2} - (n+1)P_{3/2}$	2.64142(15)	0.295(固定)
	$nF_{7/2}$		
1983,Lorenzen et al.[86]	$5S_{1/2} - nF_{7/2}$	0.016312	-0.064007
2006,Han et al.[91]	$5S_{1/2} - 5P_{3/2} - (n+2)D_{5/2} - nF_{7/2}$	0.0165437(7)	$-0.086(7)$
2010,Johnson et al.[34]	$5S_{1/2} - 5P_{3/2} - 5D_{5/2} - nP_{3/2}$	0.016473(14)	$-0.0784(7)$
本书工作	$5S_{1/2} - 5P_{3/2} - nD_{5/2} - (n-1)F_{7/2}$	0.016411(16)	$-0.0784(固定)$

3.4 本章小结

本章通过微波-光学的激发方式测量了 ^{85}Rb 原子的 $P_{3/2}$ 和 $F_{7/2}$ 系列里德

堡态的量子亏损。分别介绍了微波-光学的单光子和双光子激发跃迁光谱。通过频率失谐的光场和微波场激发原子获得 $n\mathrm{P}_{3/2}$ 和 $n\mathrm{F}_{7/2}$ 里德堡态的 EIT 光谱。详细研究了微波场强度对里德堡 EIT 光谱透射峰幅度和半高全宽的影响，实验测量结果和理论计算高度吻合。通过研究 $n\mathrm{P}_{3/2}$ 和 $n\mathrm{F}_{7/2}$ 里德堡态跃迁频率随微波场强度的变化，利用外推法获得了相应能级的共振跃迁频率。通过 Rydberg-Ritz 公式提取了 $n\mathrm{P}_{3/2}$ 里德堡态的量子亏损 $\delta_0 = 2.64142$ (15)，$\delta_2 = 0.295$；$n\mathrm{F}_{7/2}$ 里德堡态的量子亏损 $\delta_0 = 0.016411$ (16)，$\delta_2 = -0.0784$。

第 4 章

高分辨率里德堡原子
相干光谱实验分析

里德堡原子作为具有大跃迁偶极矩和大极化率的高激发态原子，原子核对最外层电子的束缚能较弱，易受外场干扰，可以用于微波测量、太赫兹通信和太赫兹成像等领域的研究[50,61,62,129,130]。最近，基于里德堡原子的微波场强度测量得到了快速发展。其原理是当微波场与原子系统作用时，会导致里德堡 EIT 光谱发生 AT 分裂效应，通过测量里德堡态相干光谱的 AT 分裂频率间隔可实现微波场强度的测量[48]。该方案具有可溯源、自校准、测量频率范围大、精度高和便携性强等优势。虽然利用该方法已经可以实现中强场的精确测量（约 $V \cdot m^{-1}$）[76,114,131-133]。但是对于弱场（约 $\mu V \cdot cm^{-1}$）测量仍然存在困难。因此，提出了很多方法来提高微波场的测量精度，比如改变微波频率失谐[134]、优化蒸气池的几何结构[28] 和增加辅助场[74,81] 等。

在本章中，提出了两种提高微波场测量精度和灵敏度的方法。第一个是多载波调制方法。多载波调制方法通常被用于数字频分复用通信等领域，具有体积小、功耗低的优点。在本书中，采用多载波调制方法提高里德堡 EIT-ATS 光谱的信噪比，从而有效提高微波场的测量精度和灵敏度。第二个是光学谐振腔增强方法。利用光学腔的强耦合效应增强光场与原子间的相互作用，提高里德堡 EIT-ATS 光谱的信噪比，实现微波场强度的精确测量。

4.1　基于里德堡原子的微波场辅助 EIT 光谱

4.1.1　里德堡原子的 EIT-ATS 效应

EIT 是一个量子干涉过程，在三能级原子系统中两个跃迁通道发生干涉，两个原子态形成新的相干叠加态，所以它对相位扰动、参与态的跃迁和原子系统的能级偏移具有较高的灵敏度。对于图 4.1(a) 所示的方案[14]，探测光和耦合光激发原子跃迁过程中，两个跃迁通道发生干涉，导致探测的光谱中出现了一个透明窗口，即 EIT 光谱，如图 4.1(b) 中━曲线所示。此时引入与第一个里德堡态 |3> 和第二个里德堡态 |4> 共振的微波场，通过与里德堡原子系统相互作用，EIT 光谱会分裂为两个，即 AT 分裂。同时，在图中可以观察到，随着微波场强度的增加，AT 分裂的频率间隔（Δf）

会越来越大。而且 Δf 与微波场的 Rabi 频率（Ω_{MW}）成正比，可以表示为：

$$\Omega_{MW} = 2\pi\Delta f \tag{4.1}$$

在类似的能级中，可以通过改变里德堡态 $|3>$ 或者里德堡态 $|4>$，或者根据微波场的频率选择不同的碱金属里德堡原子，实现不同频率微波场的测量与研究。

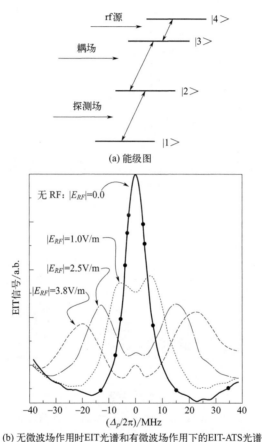

(a) 能级图

(b) 无微波场作用时EIT光谱和有微波场作用下的EIT-ATS光谱

图 4.1　基于里德堡原子四能级系统的 EIT 和 ATS 光谱[14]

图 4.2(a) 是 ^{85}Rb 原子的阶梯型四能级原子能级图，包括基态 $5S_{1/2}$、激发态 $5P_{3/2}$、第一里德堡态 $57D_{5/2}$ 和第二里德堡态 $58P_{3/2}$。一束弱的探测场（780nm）将原子从基态 $5S_{1/2}(F=3)$ 激发到中间态 $5P_{3/2}(F'=4)$，一束强的耦合场（480nm）将原子从激发态 $5P_{3/2}(F'=4)$ 激发到 $57D_{5/2}$ 里德堡态。然后，频率为 11.36GHz 的微波场诱导 $57D_{5/2}$ 和 $58P_{3/2}$ 两个相邻的里德堡态跃迁。

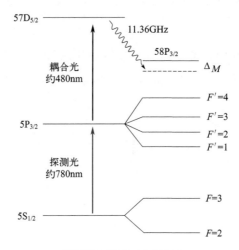

57D$_{5/2}$

11.36GHz

58P$_{3/2}$

Δ_M

耦合光
约480nm

5P$_{3/2}$

$F'=4$
$F'=3$
$F'=2$
$F'=1$

探测光
约780nm

5S$_{1/2}$

$F=3$

$F=2$

(a) ^{85}Rb原子四能级系统能级图

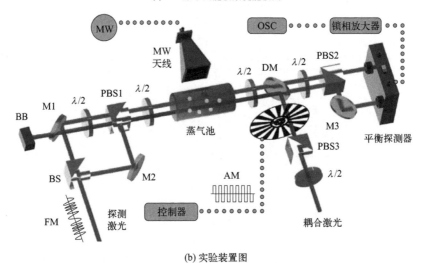

(b) 实验装置图

图 4.2 ^{85}Rb 原子四能级系统能级图及实验装置图

MW—矢量信号发生器；BS—分束器；$\lambda/2$—半波片；PBS—偏振分束器；M—反射镜；

DM—二向色镜；OSC—示波器；AM—幅度调制；FM—频率调制

图 4.2(b) 是实验装置的示意图。波长为 780nm 的探测场由外腔二极管激光器（DL pro，Toptica）产生，通过饱和吸收光谱方法将其频率锁定在 $5S_{1/2}(F=3)-5P_{3/2}(F'=4)$ 超精细跃迁线上。将调制信号加载于探测激光器的电流调制端口来实现其频率调制。通过分束棱镜将探测光束分为两束：一束作为主探测光束；另一束为参考光束。然后，通过偏振分束棱镜将两束光合并再沿同一方向平行传输。波长为 480nm 的耦合场通过一个倍频放大的二

极管激光系统（TA-SHG pro，Toptica）产生，通过扫描激光器的电压实现 $5P_{3/2}(F'=4)$—$57D_{5/2}$ 超精细跃迁附近的频率扫描，再通过波长计（WS-7，Highfiness）实时监测其频率变化。在被二向色镜反射前，在光学路径中引入频率为 600Hz 的光学斩波器（SR540，Stanford Research Systems）实现耦合激光的幅度调制。主探测光束和耦合光束利用反向传输的结构在长为 75mm 和直径为 25mm 的圆柱形铷蒸气池的中心位置相互作用。在阶梯型的能级结构中，反向传输的方法可以有效降低多普勒展宽。为获取光谱信息，采用平衡探测器（2307，New Focus）同时检测穿过蒸气池的主探测光束和参考光束，该方法可以有效消除激光本身的噪声。此外，由探测器获得的信号经锁相放大器（SR830，Stanford Research Systems）用对应的调制信号进行解调。频谱的 $1/f$ 噪声在这个过程中得到了明显的抑制，从而有效地提高了光谱的信噪比。

实验中通过矢量信号发生器（SMB100A，Rohde & Schwarz）产生与 $57D_{5/2}$—$58P_{3/2}$ 跃迁共振的微波场，其频率可以精确控制到 0.1Hz。信号发生器产生的信号通过标准增益喇叭天线辐射到蒸气池，其辐射方向垂直于探测和耦合两束激光的传输方向。喇叭天线与铷原子蒸气池之间的距离约为 270mm，满足远场条件。实验中探测场、耦合场以及微波场均为线偏振。

图 4.3 是在共振微波场作用时里德堡 EIT-ATS 光谱随微波场强度的变化。当探测激光频率通过饱和吸收光谱锁定于 $5S_{1/2}(F=3)$—$5P_{3/2}(F'=4)$ 超精细跃迁线，耦合激光频率在 $5P_{3/2}$—$57D_{5/2}$ 跃迁附近扫描时，通过探测可以获得对应于 $5S_{1/2}(F=3)$—$5P_{3/2}(F'=4)$—$57D_{5/2}$ 跃迁的典型里德堡 EIT 光谱。图 4.3(a) 中灰色点为实验测量结果，其半高全宽约为 7.36MHz。探测和耦合激光的功率分别为 $15\mu W$ 和 23mW。当频率为 11.36GHz 和功率为 -22dBm 的共振微波电场作用于原子蒸气池时，激发 $57D_{5/2}$ 和 $58P_{3/2}$ 两个相邻的里德堡态跃迁，产生了一个共振亮态，即 AT 分裂，如图 4.3(a) 的黑点所示。随着微波场功率的减小，AT 分裂的频率间隔逐渐减小；图 4.3(b) 展示了微波场功率为 -26dBm 时的 AT 分裂光谱，可以发现此时的 AT 分裂无法分辨。当微波功率继续减小至 -28dBm 时，AT 分裂峰变得更加难以分辨，见图 4.3(c)。图 4.3(d) 为 AT 分裂间隔随微波场强度的变化，横坐标为微波场功率的平方根。微波场在远场条件下的电场强度可根据公式 $E=\sqrt{30Pg}/d$ 获得，式中 P 为矢量信号发生器的输出功率，g 为喇叭天线的增益，d 为电场的测量位置与喇叭天线之间的距离。由于实验过程中喇叭天线的增益以及距离 d 均保持不变，只有微波信号源的输出功率为变量，所以远场条件下的电场强度与微波场功率的平方根呈线性关系。从实验结果

图 4.3(d) 中也可以看到，AT 分裂的频率间隔与微波场的强度为线性关系。

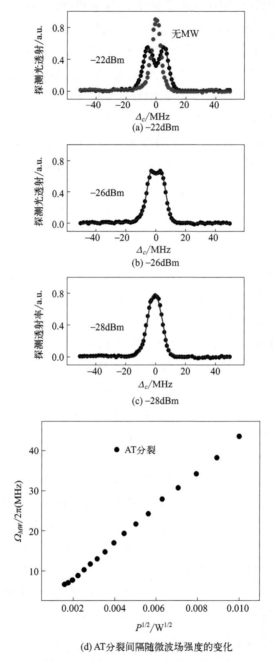

(a) −22dBm

(b) −26dBm

(c) −28dBm

(d) AT分裂间隔随微波场强度的变化

图 4.3　微波辅助的里德堡 EIT-ATS 光谱与微波场的关系

图 (a)、(b)、(c) 为微波场频率与 $57D_{5/2}$—$58P_{3/2}$ 跃迁共振时，EIT-ATS 光谱
随微波场强度的变化，黑点代表实验结果，曲线为利用 Voigt 曲线对实验数据的拟合结果

4.1.2　失谐微波场辅助的里德堡 EIT 光谱

根据之前的研究可知[134]，改变微波场的频率可以提高对 AT 分裂峰的分辨能力，也就是在低微波场强度下，可以通过改变微波频率失谐的方法有效识别 AT 分裂峰。与共振微波场情况相比，两个 AT 分裂峰变得不对称。当微波场频率蓝失谐时，左侧分裂峰高于右侧；当微波场频率红失谐时，右侧分裂峰高于左侧。并且两个分裂峰之间的频率间隔也会随着微波频率失谐的增大而增大，AT 分裂频率间隔 Δf_d 可以由下式给出：

$$\Delta f_d = \sqrt{\Delta_{MW}^2 + \Delta f_0^2} \qquad (4.2)$$

式中，Δ_{MW} 是微波场的频率失谐（$\Delta_{MW} = f_{Md} - f_{M0}$，$f_{M0}$ 是微波场的共振频率，f_{Md} 是微波场的实际频率）；Δf_0 是在共振微波场作用时导致的 AT 分裂间隔。

根据不同的微波场频率失谐 Δ_{MW} 分别测量对应的 AT 分裂频率间隔 Δf_d。测量发现两个 AT 分裂峰的相对强度比随着 Δ_{MW} 的增加而增加。此外，AT 分裂间隔 Δf_d 与 Δ_{MW} 的变化趋势相似。测量过程中发现，当微波场频率蓝失谐 20MHz 时，两个 AT 分裂峰的相对强度比最适合微波场的研究。图 4.4 为微波场频率蓝失谐 20MHz 时的 EIT-ATS 光谱。图 4.4(a)～

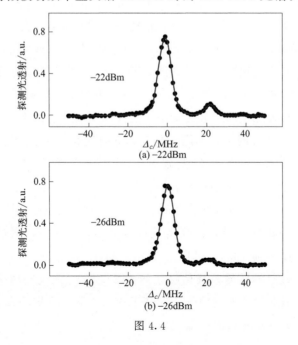

图 4.4

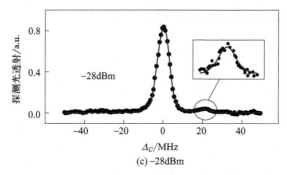

图 4.4 微波场频率失谐 20MHz 时，EIT-ATS 光谱随微波场强度的变化图

黑点代表实验结果，曲线为利用 Voigt 曲线对实验数据的拟合结果

（c）中的微波场强度分别与图 4.3（a）～（c）中的强度保持一致。与微波场频率共振情况相比，可以发现，微波场频率失谐情况下的 AT 分裂峰的分辨能力显著提高，在−28dBm 的弱微波场强度下尤其明显。

4.1.3 多载波调制的高分辨率 EIT 光谱

对于微波场的研究，里德堡 EIT 光谱的信噪比也至关重要。根据里德堡原子微波场的测量原理，通过测量 AT 分裂的间隔大小才可以实现微波场强度的测量。从图 4.4 中可以看出，左侧的分裂峰幅度较大，易于测量，而右侧分裂峰的幅度较小，信噪比较低，所以 AT 分裂的频率间隔测量主要取决于右侧分裂峰的分辨能力。随着微波场功率的不断降低，右侧的透射峰逐渐难以分辨，如图 4.4(c) 所示。因此，采用频率调制、幅度调制以及由两种调制方法相结合产生的多载波调制方法提高光谱的信噪比。图 4.5 是当微波场强度为−26dBm 时，在不同调制方案下测量的 EIT-ATS 光谱右侧分裂峰信号。图 4.5(a) 是无任何调制时 EIT-ATS 光谱右侧透射峰的信号，图 4.5(b) 是探测光调制频率为 12kHz 时的右侧透射峰信号。与图 4.5(a) 相比，所获得的光谱信噪比提高了约 4.2 倍。然后，通过在耦合光路径中引入频率为 600Hz 的光学斩波器来实现耦合光的幅度调制，通过测量发现最佳的光谱信噪比约为 16.6，见图 4.5(c)。图 4.5(d) 是采用多载波调制方案获得的右侧透射峰信号，其信噪比约为 25.7。与无调制情况相比，使用多载波调制方案获得的光谱信噪比提高了约 5.8 倍。因此，采用多载波调制方案可以有效地提高光谱的信噪比。

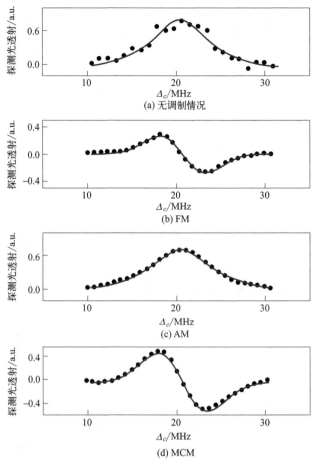

图 4.5 不同调制情况下的 EIT-ATS 光谱

黑色的点是实验测量结果，曲线是通过 Voigt 线性对实验数据的拟合结果

　　为了评估多载波调制方案对于光谱信噪比提高的有效性，进行一系列的光谱研究。测量微波功率在 $-34\mathrm{dBm}$ 到 $-14\mathrm{dBm}$ 范围内右侧分裂峰的信噪比变化，如图 4.6 所示。实验数据均取自三次测量的平均值，误差值也是三次测量的标准偏差。如菱形点所示，当微波电场的强度为 $-30\mathrm{dBm}$ 时，通过幅度调制方案测量的光谱信噪比与黑点代表的无调制情况相比提高了约 2.4 倍。此外，与无调制信号相比，使用频率调制的光谱信噪比也提高了约 3.2 倍，如方形点所示。采用多载波调制方案（三角形点）获得的光谱信噪比提高了约 4.8 倍。因此，多载波调制方案可以有效地实现更高信噪比光谱的测量。

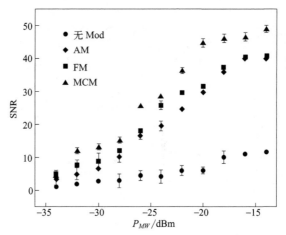

图 4.6 EIT-ATS 光谱中右侧分裂峰随微波场强度以及不同调制技术的信噪比变化

4.1.4 基于 AT 分裂方法的微波场强测量

基于里德堡原子微波场强度测量原理，采用多载波调制方案对微波场强度进行测量。在图 4.5(d) 的实验参数下，测量了不同微波场强度情况下 AT 分裂右侧透射峰的信号，微波场的强度分别为 −26dBm，−30dBm，−32dBm，−34dBm。图 4.7 是透射信号随微波场强度的变化，可以发现随着微波场强度的逐渐减小，透射信号的线宽和幅度也逐渐减小。图 4.7(d) 是利用多载波调制方案在微波场强度为 −34dBm 下测量的 EIT-ATS 光谱右侧透射峰信号，对应于 AT 分裂间隔 $\Delta f_0 = 3.7$MHz。在过去的研究中在共振情况下，通过频率失谐方法测量的最小可探测的 AT 分裂间隔约为 6MHz[74]。根据微波电场测量原理，通过多载波调制方案实现了微波电场

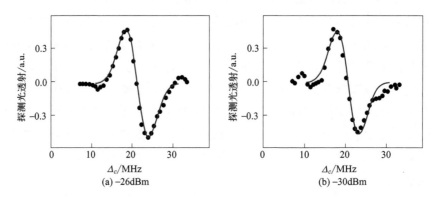

(a) −26dBm   (b) −30dBm

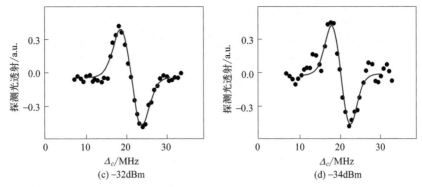

图 4.7　EIT-ATS 光谱中右侧透射峰随不同微波场强度的变化

黑色的点是实验测量结果，曲线是通过 Voigt 线性对实验数据的拟合结果

测量灵敏度约两倍的提高。众所周知，基于 EIT 的最小可探测 AT 分裂间隔受到 EIT 线宽的限制[135]，因此可以考虑使用较窄线宽的 EIT 光谱测量更弱的微波电场。基于里德堡原子的传感器可溯源至国际标准单位制的微弱电场测量，特别适用于射频和太赫兹设备的校准，因此可以通过优化系统的参数进行更高精度和灵敏度的微波场测量。

4.2　基于光学腔辅助的里德堡 EIT 光谱

4.2.1　光学谐振腔的基本原理及系统搭建

随着非线性光学的不断发展，光学谐振腔为光与介质的相互作用提供了一个良好的平台，是腔量子电动力学的重要组成部分。光学谐振腔的主要作用是提供轴向光波模的正反馈以及保证腔内光场的单模或者少数轴向模的振荡[136]。在非线性频率转化技术研究中，通常采用光学腔增加光场与非线性材料的作用强度，从而提高非线性频率转化的转化效率，实现更高转化激光功率的输出。在光学腔与原子系统中，光学腔的强耦合效应导致了光与原子的强相互作用，包括激光场与腔内原子的强耦合、增强辐射以及增强吸收效应等。而介质的吸收色散特性，不仅使得光学腔易于调控，也显著地影响了光学腔的物理特性，常见的现象包含真空拉比分裂、腔内透射谱以及四波混频等。光谐振腔可以按照多种分类方式进行归类。比如按腔镜的数量可以分为两镜腔、三镜腔以及四镜腔等，见图4.8；按腔内光场特征可以分为行波腔和驻波腔；按照几何偏折损耗的高低可以分为稳定腔、临界腔以及非稳腔。其中最简单，也是最早提出的光学谐振腔系统为法布里-珀罗干涉仪，简称F-P腔，由两面互相平行的平面镜组成。

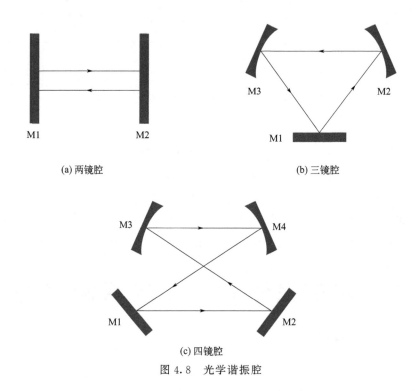

(a) 两镜腔

(b) 三镜腔

(c) 四镜腔

图 4.8　光学谐振腔

图4.8(a)是两镜腔的原理图，一束均匀的平面波通过腔镜注入光学谐振腔，当波在腔镜上反射时，入射波和反射波会发生干涉，经过多次振荡就会发生多光束干涉。当波在腔内能够稳定振荡时，波会因多次的干涉而增强[136]。而且通过探测光学腔的输出信号可以发现为一系列对称且等间隔的透射谱，这说明只有特定频率的光才能在谐振腔中振荡。可以认为光学腔内发生相长干涉的必要条件是波从某一点开始，通过在腔内往返一周再回到原始位置时与初始时的相位相差为 2π 的整数倍。因此，光学谐振腔还具有频率选择的作用。由相长干涉条件可以得到腔的透射谱频率公式为：

$$\Phi = 2L' \frac{2\pi}{\lambda_q} = 2\pi q \qquad (4.3)$$

式中，$\lambda_q = c/v_q$ 是激光的波长；Φ 是光在腔中的往返相位差；L' 是腔的光学长度；q 为正整数。相长干涉时 L' 与 λ_q 的关系为：

$$L' = q\frac{\lambda_q}{2} \tag{4.4}$$

将波长公式代入上式可得光学谐振腔的选模频率为：

$$v_q = \frac{qc}{2L'} \tag{4.5}$$

即

$$\omega_q = \frac{2\pi qc}{2L'} \tag{4.6}$$

当光学腔内充满折射率为 η 的均匀物质时：

$$\begin{cases} L' = \eta L \\ v_q = q\dfrac{c}{2\eta L} \end{cases} \tag{4.7}$$

式中，L 为腔的几何长度（简称腔长），可以表示为：

$$L = q\frac{\lambda_q'}{2} \tag{4.8}$$

式中，$\lambda_q' = \lambda_q/\eta$ 为有物质时的谐振波长。

两个相邻透射峰间的频率间隔被称为自由区，可以表示为：

$$\Delta\omega_{ax} = \omega_{q+1} - \omega_q = \frac{c}{2L'} \tag{4.9}$$

光学谐振腔的精细度可以由自由光谱区和单个透射峰的半高全宽的比值来确定，表示为：

$$F = \frac{\Delta\omega}{\Delta\omega_{ax}} \tag{4.10}$$

它是描述谐振腔精细程度的物理量，可以用来衡量光学腔内的损耗程度。腔的精细度越高，透射峰的强度越大，线宽越窄，分辨率越高，同时光在腔内的持续时间也越长。腔的品质因素 Q 与其精细度成正比，实验中，精细度越高的腔越容易探测到透射光的信号，但对实验装置的要求也更为苛刻。

入射光进入谐振腔之后，腔内的循环光场分为两部分：入射光场部分和腔内光场的前次循环剩余部分，其矢量之和表示为：

$$\boldsymbol{E}_{circ} = \mathrm{i}t_1 \boldsymbol{E}_{inc} + g_{rt}(\omega)\boldsymbol{E}_{circ} \tag{4.11}$$

式中，$g_{rt}(\omega) = r_1 r_2 \exp\left(-\alpha_0 - \dfrac{\mathrm{i}\omega L}{c}\right)$，表示光场在腔内的吸收和相位变化。$\alpha_0$ 表示光场在腔内的吸收系数，r_1 和 r_2 是两个腔镜的反射率；t_1 是入射腔镜的透射率；L 表示光学腔的腔长。

因此，腔的响应可以表示为循环光场与入射光场的比值[137]：

$$\frac{\boldsymbol{E}_{circ}}{E_{inc}} = \frac{\mathrm{i}t_1}{1 - g_{rt}(\omega)} = \frac{\mathrm{i}t_1}{1 - r_1 r_2 \exp\left(-\alpha_0 - \dfrac{\mathrm{i}\omega L}{c}\right)} \tag{4.12}$$

腔的输出特性可以表示为：

$$S(\omega) = \frac{I_{circ}}{I_{inc}} = \frac{\boldsymbol{E}_{circ}\boldsymbol{E}_{circ}^*}{E_{inc}E_{inc}^*} = \left|\frac{\mathrm{i}t_1}{1 - g_{rt}(\omega)}\right|^2$$

$$= \frac{|t_1|^2}{1 + r_1^2 r_2^2 \exp(2\alpha_0) - 2r_1 r_2 \exp(\alpha_0)\cos(\Phi)} \tag{4.13}$$

式中，$\Phi = \omega L/c$，是光场在腔内产生的相移，相移的大小与腔的输出特性密切相关。

在腔-原子耦合系统中，当单束激发光与腔内原子强相互作用时，会导致腔的模式分裂，称为真空拉比分裂[138-140]，这是电磁场量子性质的重要体现。两个真空拉比分裂峰之间的频率间隔是由原子-腔耦合系数[141] $g = \sqrt{\mu^2 \omega_p / 2\hbar\varepsilon_0 V_M}$ 决定的，式中 ω_p 是光学腔的谐振频率，μ 是原子偶极矩阵元素，V_M 是腔模体积。真空拉比分裂现象出现的必要条件是它的 g 值必须大于或等于腔与原子系统的衰减率，所以就需要高精细度的光学腔。当原子密度足够大时，原子与腔的模式强耦合，该系数可增强，变为 $g\sqrt{N}$，N 为参与的原子数，从而产生多重的正交模分裂峰。如图 4.9（a）中黑色曲线[140] 为在 Λ 型能级中，低原子密度时的腔透射信号，当增加原子的密度时，光学腔增强了探测场与腔内原子的作用，腔的透射信号发生真空拉比分裂，如曲线所示。若在腔内引入一束强耦合场，共振的探测场和耦合场与腔内的原子相互作用，原子对探测场的吸收减弱，导致在两个真空拉比分裂峰中间出现一个透射峰，这就是腔内 EIT。相比无腔作用的 EIT（黑色曲线），由于其具有窄的线宽，所以在激光频率稳定、高分辨率谱线测量以及光学多稳态的操控上具有潜在的应用价值，如图 4.9（b）所示。近年来，许多小组

也开展了关于腔与原子的实验研究，在冷原子和热原子系统中均实现了腔内
EIT 和真空拉比分裂的研究[23,139,141-144]。

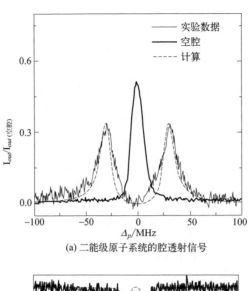

(a) 二能级原子系统的腔透射信号

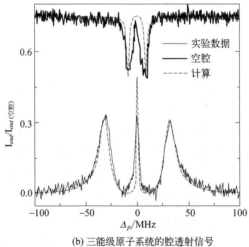

(b) 三能级原子系统的腔透射信号

图 4.9　光学谐振腔的透射信号[140]

　　当原子的 EIT 效应与光学谐振腔相结合后，原子介质的吸收和色散特
性变化也会导致腔的透射谱改变，光学腔的透射信号可以表示为：

$$S(\omega) = \frac{t^2}{1 + r^2\kappa^2 - 2r\kappa\cos[\Delta + (\omega_p l/2L)\chi'(2L/c)]} \tag{4.14}$$

式中，$\Delta = \Delta_p - \Delta_0$；$\kappa = \exp(-\omega l\chi''/c)$，表示光场在腔内循环所产生的吸

收，r 和 t 分别为腔镜的反射率和透射率。其中余弦部分代表光场在腔内产生的相移。极化率的实部导致了色散的变化，使腔内产生相移，从而引起了腔透射谱的改变。

当腔内光场与原子介质满足双光子共振条件产生 EIT 效应时，此时 $\chi' \approx (\omega - \omega_0) \mathrm{d}n/\mathrm{d}\omega$，$n$ 代表原子介质的折射率，ω 是探测场的频率，ω_0 为探测场对应的能级间的跃迁频率。当光场的频率与腔的透射条件 $\Phi(\omega) = 2m\pi$（m 为正整数）不匹配时，既可以通过控制光学腔的腔长去匹配激光频率，也可以通过改变探测光的频率使它们相互匹配。于是可以得到一个牵引方程：

$$\omega_r = \frac{1}{1+\eta}\omega_c + \frac{\eta}{1+\eta}\omega_0 \tag{4.15}$$

式中，$\eta = \omega_0 \dfrac{\mathrm{d}n}{\mathrm{d}\omega} \times \dfrac{l}{L}$；$\omega_c$ 为无介质时谐振腔的频率；ω_r 为加入 EIT 介质后的谐振腔的频率。当腔内存在 EIT 效应时，原子介质对于光场的色散和吸收特性发生变化，此时：

$$\frac{1}{1+\eta} \to 0, \quad \frac{\eta}{1+\eta} \to 1 \tag{4.16}$$

由此可得 $\omega_r \approx \omega_0$，上式说明，在产生 EIT 效应时，谐振腔的频率会被牵引至探测场所对应的原子跃迁频率。

实验中采用四镜环形腔来实现激光场与原子间的强相互作用。与两镜的 F-P 腔相比，四镜环形腔作为一种行波腔，不仅可以实现腔内循环功率的增强；还可以消除热效应等影响，具有稳定性高、单模特性好等优势。如图 4.10 所示，光学环形腔由四个腔镜组成，包括两个平面镜（CM1 和 CM2）和两个平凹镜（CM3 和 CM4）。小部分的光束通过腔镜 CM2 输出，用于腔的模式监测。为了避免光束畸变等因素的影响，腔镜间的折叠角越小越好，可以使得光束近似为傍轴传播。根据 ABCD 传输矩阵方法对腔的参数和结构进行计算和模拟。将输入腔镜 CM1 表面作为起点，光束在腔内循环一圈后，其传输矩阵可表示为：

$$\boldsymbol{T} = \begin{pmatrix} A & B \\ C & D \end{pmatrix} = \begin{pmatrix} 1 & L_4 \\ 0 & 1 \end{pmatrix} \begin{pmatrix} 1 & 0 \\ -\dfrac{2}{R} & 1 \end{pmatrix} \begin{pmatrix} 1 & L_3 \\ 0 & 1 \end{pmatrix} \begin{pmatrix} 1 & L_1 \\ 0 & 1 \end{pmatrix} \begin{pmatrix} 1 & L_3 \\ 0 & 1 \end{pmatrix} \begin{pmatrix} 1 & 0 \\ -\dfrac{2}{R} & 1 \end{pmatrix}$$

$$\tag{4.17}$$

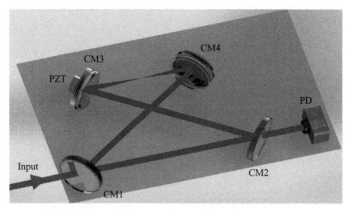

图 4.10　光学谐振腔

传输矩阵的稳定性条件为：

$$\left|\frac{1}{2}(A+D)\right|<1 \tag{4.18}$$

当输入波长为 780nm 激光时，根据公式计算光学谐振腔的腔镜和腔长等参数为：输入腔镜（CM1）和输出腔镜（CM2）的透射率在 780nm 处均约为 1.5%。腔镜 CM3 和 CM4 对 780nm 均具有较高的反射率（>99%），同时腔镜 CM4 对于 480nm 的透射率约为 90%。它们的曲率半径均为 100mm，间隔大约为 105mm。腔的总腔长 $L=L_1+L_2+L_3+L_4\approx500$mm，腔长可以通过安装在腔镜 CM3 上的压电换能器（PZT）进行精确调节。当探测光束注入光学环形腔时，激光会在四个腔镜之间振荡，由于受腔镜反射率和透射率的影响，激光每次通过腔镜都会有一部分的损耗，同时会附加上相位的变化。当相位变化为 2π 的整数倍时，腔内会发生干涉增强，此时腔内的循环功率达到最大。

实验中通过光电探测器记录从 CM2 输出的微弱光束，以实现光学腔的模式监测。测量的光学腔的自由光谱范围约为 0.6GHz。空腔的精细度约为 130。当在腔镜 CM3 和 CM4 的中心位置放置长度为 50mm，直径为 25mm 的圆柱形铷蒸气池时，由于表面反射损耗等因素影响，腔的精细度会降低到 30 左右，如图 4.11 所示。

4.2.2　光学腔的强耦合效应研究

本实验中采用的铷原子相关能级如图 4.12(a) 所示。弱的探测场（深

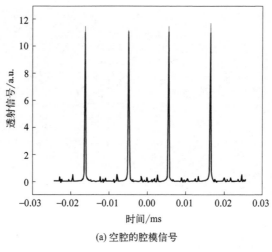

(a) 空腔的腔模信号

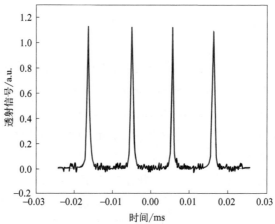

(b) 将原子蒸气池放入光学腔的腔模信号

图 4.11 光学腔的腔模

色）在光学环形腔中循环振荡，以激发原子从 $5S_{1/2}$ 基态到 $5P_{3/2}$ 态的跃迁，强的耦合场（浅色）将原子从激发态 $5P_{3/2}$ 耦合到 $56D_{5/2}$ 里德堡态。然后，阶梯型三能级 EIT 被微波场缀饰，诱导相邻的 $56D_{5/2}$ 和 $57P_{3/2}$ 里德堡态跃迁。

图 4.12(b)为实验装置的示意图。探测场是由二极管激光器（DL pro，Toptica）产生，其频率在 ^{87}Rb $5S_{1/2}(F=2)$—$5P_{3/2}$ 跃迁范围内扫描，该光束通过两组半波片和偏振分束棱镜分为三束。较弱的光束用于获得饱和吸收光谱，用于探测光的频率参考。主光束通过腔镜 CM1 注入光学环形腔，并作为增强的探测场在腔内循环。耦合激光场由波长为 960nm 的倍频放大二

极管激光器产生，通过调节该激光器的频率以激发原子从 $5P_{3/2}$ 跃迁到 $56D_{5/2}$ 里德堡态。耦合光束也被两组半波片和偏振分束器分为三束。主光束由焦距为 200mm 的透镜 L3 聚焦，通过腔镜 CM4 输入腔内。较弱的一束输入波长计进行频率监测。光电探测器（PD2）记录的参考光谱通过额外的探测和耦合光束在另一个铷蒸气池中相互作用产生，以确保两个激光场的频率满足双光子共振条件。

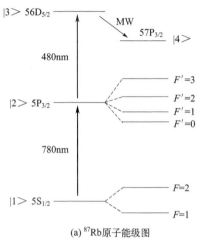

(a) ^{87}Rb原子能级图

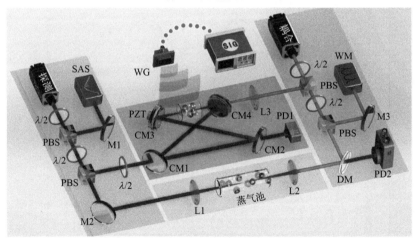

(b) 实验装置图

图 4.12　^{87}Rb 原子能级图及实验装置图

λ/2—半波片；M—反射镜；CM—腔镜；DM—二向色镜；L—透镜；PD—光电探测器；

SAS—饱和吸收光谱；WM—波长计；SIG—矢量信号发生器；

PZT—压电换能器；PBS—偏振分束器；WG—波导

矢量信号发生器产生频率为 12.007GHz 的微波场，该频率对应里德堡原子从 $56D_{5/2}$ 到 $57P_{3/2}$ 态的共振跃迁。矩形波导具有结构简单、辐射范围小的优势，有利于弱场和近场的测量。因此实验中采用一个匹配的矩形波导将微波场辐射到铷原子蒸气池。矩形波导放置在距离蒸气池 3cm 处，以减少杂散场的影响，并且其方向垂直于探测和耦合光束的传播方向。实验中探测场、耦合场和微波场均为线偏振。

图 4.13 为扫描探测激光频率时腔的透射信号。其中图 4.13(a) 是室温下将蒸气池放入光学环形腔后的腔透射信号，空腔透射信号的不对称性是由蒸气池的去偏振效应引起的。探测激光在通过腔镜 CM1 之前的功率保持约

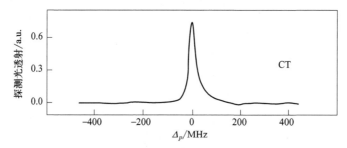

(a) 当蒸气池放入光学腔后，扫描探测光频率时光学腔的透射信号(CT)

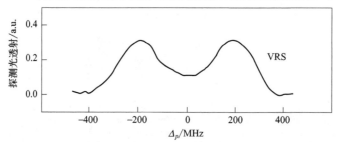

(b) 增加原子密度时，腔的透射信号发生真空拉比分裂(VRS)

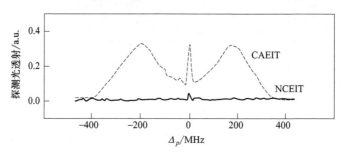

(c) 引入强耦合光时，产生的非共振腔EIT光谱
(NCEIT，实线)和腔辅助光谱(CAEIT，虚线)

图 4.13　扫描探测激光频率时腔的透射信号

图中（b）和（c）中的信号均被放大了 12 倍

为 $190\mu\mathrm{W}$，由于腔镜的低透射率，在蒸气池入口处的功率约为 $2.8\mu\mathrm{W}$。腔透射信号的半高全宽约为 $22\mathrm{MHz}$。随着原子密度的增加，原子对探测光的吸收增强，腔的透射信号出现了真空拉比分裂现象。为了获得两个对称的真空拉比分裂峰，通过精细调节安装在腔镜 CM3 上的压电换能器来改变腔长，以匹配铷原子 $5\mathrm{S}_{1/2}(F=2)$—$5\mathrm{P}_{3/2}(F'=3)$ 超精细跃迁的共振频率，见图 4.13(b)。

真空拉比分裂的分裂间隔是由腔内原子和探测场之间的耦合强度 g 决定的。$g=\sqrt{\mu^2\omega_p/2\hbar\varepsilon_0 V_M}$，式中，$\omega_p$ 是光学腔的谐振频率，μ 是原子偶极矩阵元，V_M 是腔的模式体积。随着原子密度的增加，耦合强度 g 可以通过原子的集体效应增强，即 $g\sqrt{N}$、N 是腔模体积中的原子数。当一束 $25\mathrm{mW}$ 的强耦合激光通过腔镜 CM4 注入时，腔辅助 EIT（透射窗口）出现在两个真空拉比分裂峰的中心位置，如图 4.13(c) 中虚线所示。实线代表的非共振腔 EIT 是通过微调腔镜 CM4 使探测场不再与腔模式匹配获得的。此时，除了光学腔共振与非共振的区别，两个实验其余条件（激光频率和功率）均一致。光学腔的循环功率可以通过公式 $\dfrac{P_c}{P_0}=\dfrac{1-R}{1+RT_c-2\sqrt{RT_c}}$ 计算得到，根据腔的参数计算得到，通过腔循环的功率是非共振腔的 1.23 倍，其中 P_c 和 P_0 分别是循环场和注入场的激光功率。R 是输入腔镜（M1）的反射率，T_c 是蒸气池的透射率（约 80.3%）。为了公平比较，调整中性密度片，使光电探测器 PD1 所探测的功率在腔辅助 EIT 和非共振腔 EIT 两种情况下保持一致。从图 4.13(c) 可以看出，探测光在腔内多次振荡有效增加了与原子相互作用的长度，从而增强了探测激光与原子之间的相互作用强度，腔辅助 EIT 的幅度大约是非共振腔 EIT 幅度的 7.5 倍。腔的额外损耗和蒸气池的散射导致光学腔对 EIT 幅度的增强效果小于理论计算结果。因此，腔辅助 EIT 光谱为微波场的测量提供了一种有效的工具。

4.2.3 光学腔辅助的里德堡 EIT 光谱

原子的吸收和色散对光学腔的透射特性有很大影响，这主要反映在真空拉比分裂的频率间隔（菱形）和腔辅助 EIT 的峰值幅度（圆点）上，见图 4.14。探测光和耦合光在输入光学腔之前的功率分别为 $190\mu\mathrm{W}$ 和

25mW。从图中可以看出，真空拉比分裂频率间隔随着原子密度的增加而增加，而原子密度通过改变蒸气池的温度精确控制。

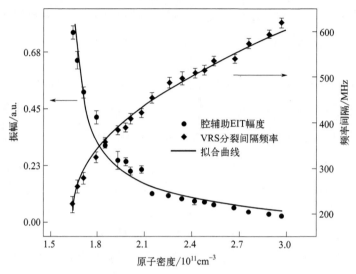

图 4.14 真空拉比分裂频率间隔（菱形）和腔辅助
EIT 幅度（圆点）随原子密度的变化

真空拉比分裂的频率间隔（Δ_{VRS}）可以表示为 $\Delta_{VRS}=2\sqrt{g^2N+\Omega_c^2/4}$，$\Omega_c$ 是耦合激光的 Rabi 频率。然而，随着原子密度的增加，探测激光在真空拉比分裂过程中被强烈吸收，导致腔辅助 EIT 峰值振幅相应降低。为了定量解释实验结果，我们引入一个理论模型。当原子蒸气池放入光学环形腔时，腔的透射信号（T_{cav}）可表示为[23,105]：

$$T_{cav}=\frac{t^2}{1+r^2\kappa^2-2r\kappa\cos[(2L\Delta+\omega_pl\mathrm{Re}[\chi])/c]} \tag{4.19}$$

式中，t 和 r 分别是腔镜的透射率和反射率；$\kappa=\exp(-\omega_pl\mathrm{Im}[\chi]/c)$，是腔内的吸收；$L$ 和 l 分别是光学环形腔和蒸气池的长度；Δ 是输入探测场与光学腔的失谐；χ 是通过求解稳态条件下的密度矩阵方程得到的原子磁化率。χ 计算公式如下：

$$\chi=\frac{\mathrm{i}\mu^2\rho_0}{\hbar\varepsilon_0\left[\gamma_{12}-\mathrm{i}\Delta_p+\dfrac{\Omega_c^2/4}{\gamma_{13}-\mathrm{i}(\Delta_p+\Delta_c)}\right]} \tag{4.20}$$

式中，ρ_0 是原子的密度；γ_{ij} 是原子态的衰减率；$\hbar$ 是普朗克常数；Δ_p 和 Δ_c 分别是探测场和耦合场的频率失谐；Ω_c 是耦合光的 Rabi 频率。曲线是相应的理论拟合结果，从图中可以发现拟合结果与实验结果吻合较好。因此，我们选择原子密度约为 $1.97 \times 10^{11}\,\mathrm{cm}^{-3}$ 作为平衡真空拉比分裂间隔和腔辅助 EIT 峰值幅度的理想条件。

耦合激光功率在腔辅助 EIT 中也发挥着重要的作用，见图 4.15。插图是通过扫描探测光频率获得的腔辅助 EIT 随耦合光功率变化的等高线图。白色虚线是两个真空拉比分裂峰随耦合光功率变化的运动轨迹，黑色箭头指示的区域表示 $5S_{1/2}$—$56D_{5/2}$ 跃迁的透射峰变化。可以发现，随着耦合激光功率的增加，真空拉比分裂的频率间隔逐渐变大。真空拉比分裂频率间隔（Δ_{VRS}）和耦合光功率（Ω_c）的关系可以表示为 $\Delta_{VRS} = 2\sqrt{g^2 N + \Omega_c^2/4}$。同时可以发现，$5S_{1/2}$—$56D_{5/2}$ 跃迁的透射峰峰值幅度和半高全宽也逐渐增大，这主要是由耦合激光功率增大而引起的，使得激发到对应能级的原子数增多。从图 4.15 的插图中分别提取 $5S_{1/2}$—$56D_{5/2}$ 跃迁的透射峰峰值幅度和半高全宽，在图中分别用正方形和圆点表示。根据理论拟合了实验测量结果，并用曲线表示，可以发现理论拟合结果与实验结果一致。

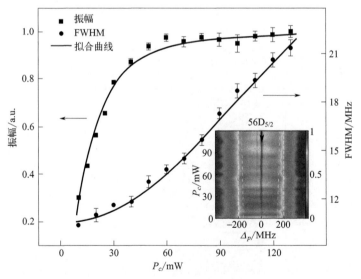

图 4.15　腔辅助 EIT 幅度和半高全宽随耦合光功率的变化

黑色的点是实验测量结果，曲线为通过理论对实验数据的拟合。插图为对应的等高线图，白色的虚线为真空拉比分裂峰的变化轨迹，中间黑色箭头指示的区域表示 $5S_{1/2}$—$56D_{5/2}$ 跃迁峰的变化

4.2.4 光学腔辅助的微波场强测量

基于里德堡原子的微波场强度测量通过测量微波场作用时里德堡 EIT 的 AT 分裂频率间隔（Δf）实现，可以表示为 $\Delta f = \Omega_{MW}/2\pi = \mu E/2\pi\hbar$，式中，$\Omega_{MW}$ 是微波场的 Rabi 频率。因此，微波场的强度可以通过直接测量精确 AT 分裂的频率间隔实现。当 AT 分裂间隔变得无法分辨时，这种微波场的测量方法将会失效。图 4.16(a) 显示了微波场功率的平方根（$\sqrt{P}$）为

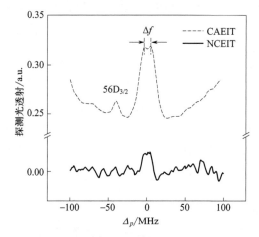

(a) 微波场功率平方根($\sqrt{P}$)为0.0045W$^{1/2}$时的
非共振腔EIT(实线)和腔辅助EIT(虚线)

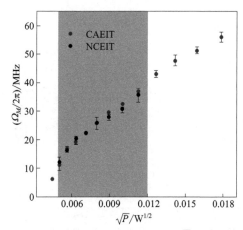

(b) 非共振腔EIT(黑色)和腔辅助EIT(灰色)随$\sqrt{P}$的AT分裂频率间隔变化

图 4.16 光学腔辅助的微波场强测量

Δf 是腔辅助 EIT 的 AT 分裂间隔

$0.0045\mathrm{W}^{1/2}$ 时的腔辅助 EIT（虚线）和非共振腔 EIT（实线）光谱。我们发现由于腔辅助 EIT 具有更高的信噪比和分辨率，腔辅助 EIT 的 AT 分裂峰可以明显区分，而非共振腔 EIT 的 AT 分裂峰则无法区分。

接下来测量不同微波场功率作用时，腔辅助里德堡 EIT 和非共振腔 EIT 的 AT 分裂变化。图 4.16(b) 所示为当一个 12.007GHz 的微波场施加于原子系统时，具有不同 $\sqrt{P}$ 的非共振腔 EIT（黑色）和腔辅助里德堡 EIT（灰色）的 AT 分裂频率间隔变化。可以发现，Δf 随着微波场功率的增加而增加。图中有灰色和白色两个图层，其中灰色图层是两种方法相同的微波场测量范围，白色图层表示与非共振腔 EIT 相比，腔辅助里德堡 EIT 可以实现的更大的测量范围。众所周知，基于里德堡原子 EIT-ATS 效应的微波场测量方法中，最小可检测的微波电场强度（E_{min}）可以通过最小可区分的 AT 分裂间隔 Δf_{min} 获得。从图 4.16(b) 中可以看出，利用腔辅助里德堡 EIT 测量的 E_{min} 约为 0.403V/m，在相同实验条件下小于非共振腔 EIT 测量的结果，EIT 结果约为 0.723V/m。测量过程中的频率是由 $56\mathrm{D}_{3/2}$ 和 $56\mathrm{D}_{5/2}$ 里德堡态之间的频率间隔进行校准。微波场的测量灵敏度可以通过 $E_{min}/\sqrt{\mathrm{Hz}}$ 计算得到[27]，所以最小可检测微波电场强度可以直接反映微波场的测量灵敏度。相比于非共振腔 EIT 方法，腔辅助 EIT 方法实现了约 2 倍的测量灵敏度提高。然而，实验所测量的微波场测量灵敏度的提升程度小于理论计算值，这主要是由实验中腔镜的额外损耗以及蒸气池的散射等因素造成的。通过结合其他的有效方法，如里德堡原子超外差法、频率调制法等，可以大大提高微波场的测量灵敏度。因此，腔辅助里德堡 EIT 可以用于测量弱的微波电场，并且可以扩展微波场的测量范围。

4.3　本章小结

在本章工作中，利用多载波调制技术精确测量了里德堡 EIT-ATS 光谱的 AT 分裂。通过实验方法研究了微波场频率对里德堡 EIT-ATS 光谱的影响，获得了信噪比较高的里德堡 EIT-ATS 光谱。利用频率调制和幅度调制相结合的多载波调制技术获得了高信噪比的里德堡 EIT-ATS 光谱。引入微波场与原子系统相互作用，测量了里德堡 EIT-ATS 光谱的 AT 分裂间隔。与无多载波调制情况相比，可测量的最小 AT 分裂间隔约为 3.7MHz。

通过光学谐振腔的强耦合效应提高了里德堡 EIT-ATS 光谱的信噪比。

设计并搭建了自由光谱范围约为 0.6GHz，精细度约为 130 的四镜环形光学谐振腔。通过 780nm 的探测光、480nm 的耦合光和铷原子在光学腔内相互作用获得了高信噪比的腔辅助里德堡 EIT 光谱。详细研究了原子密度对真空拉比分裂频率间隔和里德堡 EIT 光谱透射峰幅度的影响，获得最佳原子密度约为 $1.97 \times 10^{11} \mathrm{cm}^{-3}$，并研究了耦合光强度对里德堡 EIT 光谱透射峰幅度和半高全宽的影响。通过微波场与原子系统的作用，利用腔辅助里德堡 EIT-ATS 光谱实现了微波场强度的精确测量。

第 **5** 章

双微波辅助里德堡原子相干光谱的电场测量

为了提高微波电场测量的灵敏度，人们提出了多种机制。降低技术噪声是提高测量灵敏度的最有效途径之一。激光频率噪声可以通过复杂的频率锁定方案抑制，使激光线宽降至亚赫兹量级[145,146]。为了降低探头激光器的读出噪声，还采用了超外差检测技术[72]和调制技术[147]。同时，人们也在探索克服测量灵敏度限制的新机制[76]。非共振 AT 分裂方案扩大了两个缀饰态之间的能级分裂间隔，实现了更灵敏的微波电场测量[134,148]。高精细度光学腔通过增强原子与光子之间的相互作用来提高微波电场测量的灵敏度[149]。毫瓦级电磁场强度与千赫兹数量级中频信号之间的联系机制也大大提高了微波电场检测的灵敏度[74,145]。此外，在里德堡 EIT 研究中引入更多的微波场不仅可以探索原子多能级的量子相干效应[150]，而且多微波场能够进一步提高量子微波电测的检测极限[151]，有效地扩展里德堡原子传感器的应用范围。由于基于里德堡原子的微波电场测量展现出前所未有的优越性，人们不断开发新的机制和技术来提高测量灵敏度。

在本章中提出利用双微波缀饰的 EIT 光谱提高微波电场测量灵敏度的方法。第一步，研究在双微波驱动的四步激发方案中里德堡原子的相干居群转移（CPT）。通过稳态条件下的数值求解，建立基于密度矩阵的理论模型，对不同能级结构下的 EIT、ATS 和 CPT 进行了研究。详细研究 CPT 对两个微波场的功率和频率失谐的依赖关系，清晰地揭示原子布居丰富的相干转移过程，为多通道微波接收机提供一个潜在的平台。第二步，为了保证弱目标微波（目标微波）场的读出强度，在微波电场测量系统中增加辅助微波（辅助微波）场。本研究为提高基于里德堡原子测量微波电场的灵敏度提供了一种新方法，为构建宽带和高灵敏度量子传感器开拓新道路。

5.1 双微波场辅助的里德堡 CPT 效应

5.1.1 实验系统搭建

图 5.1(a) 所示为本实验采用的五能级 ^{85}Rb 原子构型，包含基态 $5S_{1/2}$，中间态 $5P_{3/2}$，里德堡态 $57D_{5/2}$、$58P_{3/2}$ 和 $58S_{1/2}$。波长为 780nm 的弱探测场激发原子从基态 $5S_{1/2}(F=3)$ 跃迁到中间态 $5P_{3/2}(F'=4)$。波长为 480nm 的强耦合场将原子从中间态 $5P_{3/2}(F'=4)$ 耦合到 $57D_{5/2}$ 里德堡态。然

后，由频率分别为 11.31GHz 和 19.23GHz 的微波场I和微波场II逐步激发，将原子从里德堡态 $57D_{5/2}$ 态跃迁到相邻的两个里德堡态 $58P_{3/2}$ 和 $58S_{1/2}$。

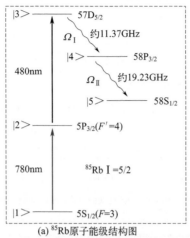

(a) ^{85}Rb原子能级结构图

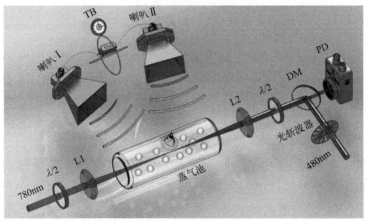

(b) 实验装置图

图 5.1　^{85}Rb 原子能级结构图及实验装置图

图 5.1(b) 所示为实验装置示意图。弱的探测激光（780nm）由外腔半导体激光器（DL pro，Toptica）提供，通过饱和吸收光谱锁定在 $5S_{1/2}(F=3)$—$5P_{3/2}(F'=4)$ 超精细跃迁线上。强耦合激光（480nm）由倍频二极管半导体激光系统（TA-SHG pro，Toptica）提供，该激光频率在 $5P_{3/2}(F'=4)$—$57D_{5/2}$ 跃迁范围内扫描，探测激光和耦合激光频率均由波长计（WS-7，HighFinesse）实时监测。为了提高光谱的信噪比，在光路中引入了一个光斩波器（SR540，Stanford Research Systems）进行幅度调制，频率约为 950Hz。线性偏振的探测光与沿相反方向传输的耦合光束在长度为 75mm、

直径为 25mm 的铷蒸气池中心重合，实现激光场与原子的相互作用。利用光电二极管（PD）检测穿过原子蒸气池的探测光束，实现信号的检测，并利用锁相放大器（SR830，Stanford Research Systems）进行解调，最后利用示波器进行数据观测和采集。

两个矢量信号发生器（SMB100a，Rohde & Schwarz）分别提供频率为 11.37GHz 的微波场Ⅰ和 19.23GHz 的微波场Ⅱ，其频率可以精确控制到 0.1Hz。两个微波场通过一个铷时基（TB）锁定并保持同步。微波场Ⅰ和微波场Ⅱ分别馈入两个标准增益喇叭天线（称为喇叭Ⅰ和喇叭Ⅱ）发射。每个喇叭天线都被放置在距离铷蒸气池中心 50cm 的位置处，以满足远场条件。探测激光、耦合激光、微波场Ⅰ和微波场Ⅱ均为线性偏振，并且其传播方向垂直于激光场的传输方向。同时，在实验平台附近放置了多组吸波材料，减少电磁波的辐射影响。通过这些场的协同作用，可以得到里德堡原子的 CPT 过程。

5.1.2 双微波场辅助的里德堡 CPT 光谱

如图 5.2 所示，与探测场吸收直接相关的磁化率虚部作为不同能级结构下耦合场频率失谐函数的光谱图。当强度 $\Omega_p = 0.4\Gamma_2$ 的探测场和强度为 $\Omega_c = 0.9\Gamma_2$ 的耦合场与原子相互作用时，由于部分原子布居被俘获在暗态，在探测场的吸收谱中出现一个透明窗口，即图 5.2(a) 中实线所示的 EIT。通过引入强度为 $\Omega_I = 4.5\Gamma_2$ 微波Ⅰ场，三能级里德堡 EIT 被微波场Ⅰ缀饰，导致出现图 5.2(a) 中虚线所示的 AT 分裂。然后，通过另一个强度为 $\Omega_{II} = 4.5\Gamma_2$ 的辅助微波场Ⅱ与 $58P_{3/2}$—$58S_{1/2}$ 跃迁共振，激发原子跃迁，在 AT 分裂峰的中心出现一个透明传输（ET）峰（双点划线），从而实现 CPT。出现这个现象的根本原因是原本布居在第二里德堡态 $58P_{3/2}$ 的原子被辅助微波场Ⅱ相干转移到第三里德堡态 $58S_{1/2}$。

为了研究原子的动态转移过程，根据原子密度矩阵理论，计算相关能级 $\Omega_p = 0.4\Gamma_2$，$\Omega_c = 0.9\Gamma_2$，$\Omega_I = 4.5\Gamma_2$，$\Omega_{II} = 4.5\Gamma_2$ 条件下的原子布居数，如图 5.2(b) 所示。结果表明，在系统满足稳态解的条件下，与激光场相互作用的原子大部分（约 91.2%）处于基态，只有约 2.2% 和约 1.3% 的少数原子处于激发态 $58P_{3/2}$ 和 $58S_{1/2}$ 上。根据相干布居转移的公式，$\eta = P_5/P_1$（P_1 为初始基态的原子布居数，P_5 为里德堡态 $58S_{1/2}$ 的原子布居数），计算得该条件下的相干布居转移效率约为 1.3%。

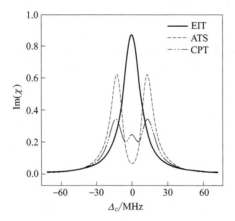

(a) 不同能级结构光谱随耦合场频率失谐Δ_c变化的理论模拟结果

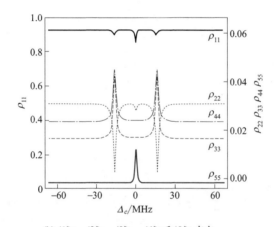

(b) |1>、|2>、|3>、|4>和|5>态布
居数随耦合场频率失谐Δ_c的变化图

图 5.2　不同能级结构下耦合场频率失谐函数光谱图

EIT 光谱（实线），$\Omega_p=0.4\Gamma_2$，$\Omega_c=0.9\Gamma_2$；ATS 光谱（虚线），$\Omega_p=0.4\Gamma_2$，$\Omega_c=0.9\Gamma_2$，

$\Omega_I=4.5\Gamma_2$；CPT 光谱（点划线），$\Omega_p=0.4\Gamma_2$，$\Omega_c=0.9\Gamma_2$，$\Omega_I=4.5\Gamma_2$，$\Omega_{II}=4.5\Gamma_2$

5.1.3　功率调谐的微波辅助里德堡 CPT 光谱

里德堡 CPT 效应的转移效率与微波场 I 和微波场 II 的功率及频率失谐等实验参数有关。图 5.3 展示了不同能级结构下探测激光的传输情况。探测激光和耦合激光场的功率分别为 $18.5\mu W$ 和 $7.5mW$。当探测激光频率与 $5S_{1/2}(F=3)$—$5P_{3/2}(F'=4)$ 跃迁共振时，在 $5P_{3/2}(F'=4)$—$57D_{5/2}$ 跃迁线

附近扫描耦合激光频率，可以观察到一个清晰的透明窗口（黑色）。当频率为 $f_{MW\,I} = 11.37\mathrm{GHz}$，功率为 $P_{MW\,I} = 0.2\mathrm{mW}$ 的微波场 I 与 57$D_{5/2}$—58$P_{3/2}$ 跃迁共振时，EIT 峰被分成两个峰，如 ●线所示。当引入另一个与 58$P_{3/2}$—58$S_{1/2}$ 跃迁共振的微波场 II 时，频率为 $f_{MW\,II} = 19.23\mathrm{GHz}$，功率为 $P_{MW\,II} = 0.2\mathrm{mW}$，在 $\Delta_c = 0$ 处 AT 分裂峰的中心出现 ET 峰（▲线）。在此过程中，利用微波场 II 可以实现原子布居相干转移，CPT 的转移效率约为 1.2%。实验获得的 CPT 传递效率略低于理论值，这可能是由微波源与铷原子蒸气池之间的损耗造成的。在 CPT 的线形、传递效率以及相应的物理机制方面，上述实验结果与理论模拟结果基本一致。需要注意的是，在 $\Delta_c = -61.98\mathrm{MHz}$ 处的峰值对应于 5$P_{3/2}$—57$D_{5/2}$ 的跃迁，57$D_{3/2}$ 和 57$D_{5/2}$ 状态的频率间隔可以用作频率标尺。

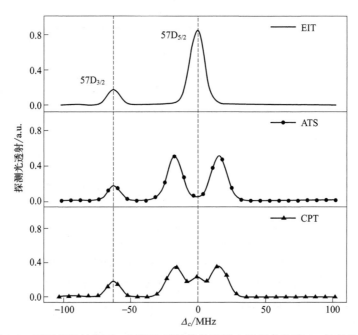

图 5.3　不同能级结构下，探测光透射信号随耦合场频率失谐 Δ_c 的变化图

　　图 5.4 所示为详细研究的微波场 I 和微波场 II 强度（P_{MWI} 和 P_{MWII}）对 CPT 的影响。在此过程中，除 P_{MWI} 和 P_{MWII} 外，实验条件均与图 5.3（▲线）相同。图 5.4(a) 展示了不同微波场 I 功率条件下，探测激光传输特性与耦合场失谐 Δ_c 的关系。此时 P_{MWII} 保持为恒定值 0.13mW。AT 分裂峰的频率间隔（Δf）与 MWI 场强度（E）之间的线性关系描述为 $\Delta f = \dfrac{\mu E}{2\pi\hbar}$，式中，$\mu$ 为

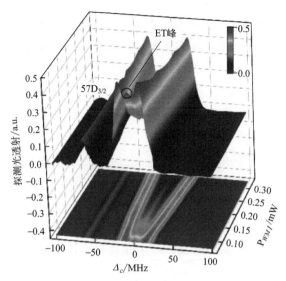

(a) $P_{MW\,I}$=0.13mW，微波场 I

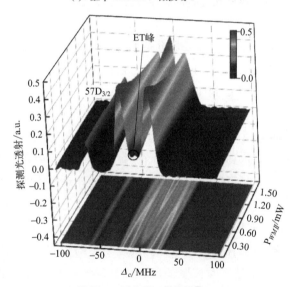

(b) $P_{MW\,II}$=0.16mW，微波场 II

图 5.4　不同功率和微波场下，探测光透射信号随耦合场频率失谐
Δ_c 和微波场功率的变化

相邻里德堡态间的跃迁偶极矩，$\hbar$ 为普朗克常数[48,107]。因此，分裂间隔随
着 $P_{MW\,I}$ 的增加而变宽，导致背景变深。在 $P_{MW\,I}$ =0.06mW 的低功率下，
可以清晰地观察到 Δ_c =0 处的 ET 峰值，其幅度随着 $P_{MW\,I}$ 的增大而增大，
但在这个大背景视图中并不明显。当 $P_{MW\,I}$ 从 0.06mW 到 0.32mW 变化

时，$58P_{3/2}$ 和 $58S_{1/2}$ 态的原子布居数分别从 1.3％增加到 2.6％，从 0.8％增加到 1.0％。因此，在功率较高的微波场 I 作用下会导致更多的原子参与到里德堡态间的 CPT 过程。图 5.4(b) 给出了不同微波场 II 功率对 CPT 效应的影响。当 $P_{MW\,I}$ 保持为恒定值 0.16mW 时，随着 $P_{MW\,II}$ 的增大，AT 分裂峰的振幅逐渐减小，但分裂间隔基本保持不变，而且 ET 峰值的幅值有明显的增大。上述现象是由于当 $P_{MW\,II}$ 从 0.06mW 增加到 1.58mW 时，会导致原本布居在第二里德堡态 $58P_{3/2}$ 约 2％的原子被相干转移到第二里德堡态 $58S_{1/2}$ 态上。这个过程中 $5S_{1/2}—5P_{3/2}—57D_{3/2}$ 跃迁的 EIT 峰没有明显的变化。这表明 ET 峰的振幅与微波场 II 的功率直接相关，通过改变该参数可以实现 CPT 效应的振幅及转移效率的直接调控。值得注意的是，光谱左边的峰是 $5P_{3/2}(F''=4)—57D_{3/2}$ 的跃迁峰，在整个过程中保持不变。因此，可以利用与 $58S_{1/2}$ 态原子布居相关的 ET 峰值振幅来计算 CPT 的转移效率。

5.1.4　失谐微波场辅助的里德堡 CPT 光谱

进一步研究微波场 I 和微波场 II 的频率失谐对 CPT 效应的影响。在此过程中，探测激光和耦合激光的功率与之前一致。图 5.5(a) 给出了微波场 I 频率从 11.24GHz 增加到 11.50GHz 时 AT 分裂峰和 ET 峰的一系列变化，其中 $P_{MW\,I}=0.2$mW，$P_{MW\,II}=0.32$mW，微波场 II 的频率始终保持在 19.23GHz。随着微波场 I 频率从蓝失谐到零失谐的减小，AT 分裂峰的右峰逐渐减小，直至达到与左峰相同的振幅。在此过程中，在微波场 I 的频率为 11.31GHz 左右时可以观察到，由于大失谐导致的非对称布居甚至影响了 $5S_{1/2}—5P_{3/2}—57D_{3/2}$ 跃迁的 EIT 光谱线形。此外，当微波场 I 的频率失谐超过 40MHz 时，ET 峰值的幅度逐渐减小，直至无法区分。当微波场 I 频率为红色失谐时，也有类似的趋势。微波场 I 的频率失谐引起非共振 AT 分裂效应[12]，导致上述不对称原子布居处于 $58P_{3/2}$ 和 $58S_{1/2}$ 态。当微波场 I 锁定在 11.23GHz 恒定频率，$P_{MW\,I}=0.2$mW，$P_{MW\,II}=0.32$mW，微波场 II 频率从 19.05GHz 增加到 19.40GHz 时，探测场的传输现象如图 5.5(b) 所示。从图中可以发现，当微波场 II 频率失谐超过 5MHz 时，ET 峰逐渐变得不可识别，AT 分裂峰变得不对称。出现上述现象的根本原因是 $58S_{1/2}$ 态的部分原子会因微波场 II 的频率失谐转移到 $58P_{3/2}$ 态。在大失谐条件下，$58S_{1/2}$ 和 $58P_{3/2}$ 态的原子布居数几乎不受微波场 II 场的影响，从而产生对称的 AT 分裂峰。虽然两个微波场的频率失谐会导致如图 5.5 所示的不同现象，但它们都可以调控 CPT 的共振频率和转移效率。因此，可以根据需要，改变微波场的功率、失谐等条件实现里德堡态间原子布居的实时调控。

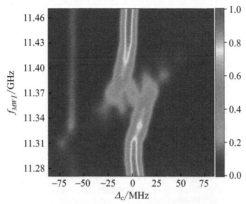

(a) P_{MWI}=0.2mW, P_{MWII}=0.32mW时，探测光透射信号随微波场 I 频率的变化

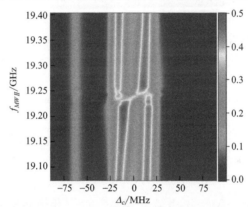

(b) P_{MWI}=0.2mW, P_{MWII}=0.32mW时，探测光透射信号随微波场 II 频率的变化

图 5.5　不同微波场频率下，探测光透射信号随微波场频率的变化

5.2　双微波辅助里德堡 EIT 光谱的电场测量

5.2.1　双微波辅助里德堡 EIT 光谱的微波电场测量的理论模型

里德堡原子与微波场相互作用时，光与原子相互作用的过程可以使用微

扰理论模型进行解释。根据图5.1(b) 所示的里德堡原子四能级系统，探测场作用于基态|1>和激发态|2>之间，耦合场作用于激发态|2>和第一里德堡态|3>之间，微波场作用于两个里德堡态|3>和|4>之间。使用 Lindblad 主方程 $\rho = -\dfrac{i}{\hbar}[\boldsymbol{H}, \boldsymbol{\rho}] + L[\boldsymbol{\rho}]$ 来描述密度矩阵随时间的演化。进一步利用旋波近似，将系统的哈密顿量 $\boldsymbol{H}$ 描述为如下的矩阵形式[13]：

$$\boldsymbol{H} = \frac{\hbar}{2} \begin{bmatrix} 0 & \Omega_p & 0 & 0 \\ \Omega_p & -2\Delta_p & \Omega_c & 0 \\ 0 & \Omega_c & -2(\Delta_p + \Delta_c) & \Omega_A + \Omega_T \\ 0 & 0 & \Omega_A + \Omega_T & -2(\Delta_p + \Delta_c + \Delta_A + \Delta_T) \end{bmatrix} \quad (5.1)$$

式中，Δ_p、Δ_c、Δ_A 和 Δ_T 分别是探测场、耦合场、辅助微波场和目标微波场相对于其共振频率的频率失谐；Ω_p、Ω_c、Ω_A 和 Ω_T 分别为对应场的 Rabi 频率，$\Omega_i = \mu_i E_i / \hbar$。在稳态条件和弱场近似下，数值求解密度矩阵方程的稳态解即可获得能级|2>和|1>之间的相干项 ρ_{21}，进一步获得弱探测场的极化率：

$$\chi_{21} = \frac{\mathrm{i}N|\mu_{21}|^2}{\varepsilon_0 \hbar} \times \frac{\dfrac{\mathrm{i}}{2}\left[(\mathrm{i}\Delta_i + \gamma_{31})(\mathrm{i}\Delta_j + \gamma_{41}) + \dfrac{(\Omega_A + \Omega_T)^2}{4}\right]}{(\mathrm{i}\Delta_p + \gamma_{21})\left[(\mathrm{i}\Delta_i + \gamma_{31})(\mathrm{i}\Delta_j + \gamma_{41}) + \dfrac{(\Omega_A + \Omega_T)^2}{4}\right] + \dfrac{\Omega_c^2}{4}(\mathrm{i}\Delta_j + \gamma_{41})}$$

$$(5.2)$$

式中，$\Delta_i = \Delta_p + \Delta_c$，$\Delta_j = \Delta_p + \Delta_c + \Delta_A + \Delta_T$。在绝热近似下，与 χ 虚部分量相关的光电探测器检测到的探测光透射率可以由此推导：$P = P_0 \exp\left[-\dfrac{2\pi l}{\lambda_p}\mathrm{Im}(\chi)\right]$，$P_0$ 为探测场在原子蒸气池输入处的功率，l 为原子蒸气池的长度，λ_p 为探测场的波长[27]：

在该系统中，辅助微波场和目标微波场的频率相同，当它们共同与原子相互作用时，微波场诱导的 ATS 间隔 $\Delta f'$ 与对应微波场拉比频率的关系可被描述为：

$$\Delta f' = \frac{\Omega_A + \Omega_T}{2\pi} = \frac{\mu_{MW}|E_A + E_T|}{2\pi\hbar} \quad (5.3)$$

式中，μ_{MW} 为相邻里德堡态间的跃迁偶极矩；$\hbar$ 为约化普朗克常数；辅助微波场和目标微波场强度可以分别表示为 $E_A = E_A \cos(\omega_A t + \phi_A)$ 和

$E_T = E_T \cos(\omega_T t + \phi_T)$。其中 E_i、ω_i 和 ϕ_i 分别表示为对应微波场的幅度、角频率和相位。这种情况下，总的微波场强度 E_{atoms} 可以表示为：

$$
\begin{aligned}
|E_{atoms}| &= |E_A + E_T| \\
&= \sqrt{E_A^2 + E_T^2 + 2E_A E_T \cos(\Delta\omega t + \Delta\phi)} \\
&= \frac{2\pi\hbar}{\mu}\sqrt{\Delta f_A^2 + \Delta f_T^2 + 2\Delta f_A \Delta f_T \cos(\Delta\omega t + \Delta\phi)}
\end{aligned} \tag{5.4}
$$

因此，式(5.4)可以化解为

$$
\begin{aligned}
\Delta f' &= \sqrt{\Delta f_A^2 + \Delta f_T^2 + 2\Delta f_A \Delta f_T \cos(\Delta\omega t + \Delta\phi)} \\
&= \frac{\mu}{2\pi\hbar}|E_A + E_T|
\end{aligned} \tag{5.5}
$$

式中，$\Delta\omega = \omega_A - \omega_T$；$\Delta\phi = \phi_A - \phi_T$。从式(5.3)到式(5.5)，通过引入辅助微波场，使得 AT 分裂 Δf 增大，在此过程中并且没有引入额外的扰动项。相比于单微波场，该机制克服了无法识别 Δf 而导致不可有效地测量原始 E_T 的情况，并且也可消除其非线性行为。因此，通过引入额外的微波场，可以有效地提高微波电场的测量灵敏度。

5.2.2　实验装置搭建

图 5.6(b)为实验相关的 ^{85}Rb 原子的能级构型。铷原子的基态 $5S_{1/2}$、激发态 $5P_{3/2}$、第一里德堡态 $56D_{5/2}$ 和第二里德堡态构成阶梯型四能级系统。弱探测场（浅色）驱动原子从基态 $5S_{1/2}(F=3)$ 跃迁到中间态 $5P_{3/2}$ $(F'=4)$，耦合场（深色）激发原子从 $5P_{3/2}(F'=4)$ 中间态跃迁到里德堡态 $56D_{5/2}$。由频率为 12.007GHz 的辅助微波和目标微波组成的组合的复合 MW 场诱导原子实现相邻里德堡态 $56D_{5/2}$ 和 $57P_{3/2}$ 跃迁。

图 5.6(a)测量系统的实验装置示意图。波长为 780nm 探测激光由外腔半导体激光器（DL pro，Toptica）提供，其频率通过饱和吸收光谱方法锁定在原子 $5S_{1/2}(F=3)$—$5P_{3/2}(F'=4)$ 超精细跃迁线上。波长为 480nm 耦合激光由一个倍频放大二极管激光器（TA-SHG pro，Toptica）提供，通过改变电压大小实现在 $5P_{3/2}(F'=4)$—$56D_{5/2}$ 跃迁的频率附近进行扫描。探测光和耦合光的频率均通过波长计（WS-7，Highfiness）实时监测。线性偏振的探测光和耦合光束反向传输，并在长 100mm、直径 25mm 的铷原子蒸气池中心位置重叠，实现激光场与原子相互作用。为了提高信号的信噪比

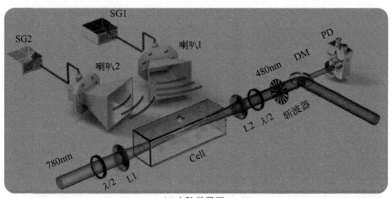

(a) 实验装置图

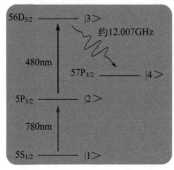

(b) 实验中采用的^{85}Rb原子能级结构图

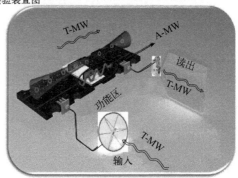

(c) 微波电场计的原理图

图 5.6　实验装置图，^{85}Rb 原子能级结构图及微波电场计的原理图

$\frac{\lambda}{2}$—半玻片；L—透镜；DM—二向色镜；Horn—喇叭天线；

SG—矢量信号发生器；PD—光电探测器

（SNR），在光路中引入了一个频率为 1.5kHz 调制频率的光学斩波器
（SR540，stanford research systems）进行强度调制[147]。穿过原子蒸气池
的探测光信号由光电二极管探测器（photodiode，PD）检测，并由锁相放大
器（SR830，stanford research systems）进一步解调。两个微波场 SG1 和
SG2 由两个矢量信号发生器（SMB100a，Rohde & Schwarz）提供，分别为
辅助微波场和目标微波场。这两个微波场分别通过两个标准增益喇叭天线辐
射到原子蒸气池，为了满足远场条件，喇叭天线与原子蒸气池的距离约为
50cm，同时两个微波场与探测激光和耦合激光的偏振方向平行。

　　图 5.6(c) 为微波电场计测量系统的原理图。由探测激光、耦合激光、
辅助微波场构成了一个高灵敏度的微波传感器，当输入弱的目标微波场时，

激光-原子系统在辅助微波场的作用下，可以有效地读出其电场强度。

5.2.3 双微波辅助里德堡 EIT 光谱研究

图 5.7 展示了通过扫描耦合激光频率，不同微波场情况下得到的探测光的里德堡相干光谱。探测和耦合光的功率分别为 $12\mu W$ 和 $20mW$。当探测光频率与 $5S_{1/2}(F'=3)$—$5P_{3/2}(F'=4)$ 超精细跃迁线共振时，通过在 $5P_{3/2}(F'=4)$—$56D_{5/2}$ 跃迁附近扫描耦合激光频率，可以观察到典型的里德堡 EIT 光谱，如图 5.7 中的实线所示。当施加频率为 $12.007GHz$，功率为 $0.02mW$ 的弱目标微波场时，里德堡 EIT 光谱的幅度降低，线宽随着幅值的减小而变宽，没有发生明显的 AT 分裂，所以无法通过识别其分裂大小进行电场强度的测量，如图虚线所示。这是由于弱的非共振目标微波场诱导的两个缀饰态之间的能级间隔很窄，从而导致中心频率 AT 分裂峰的位移太小，无法产生可识别的峰，因此，单微波电场测量方案的效果较差。为了克服这个困难，获得目标微波场 E_T 的强度，在测量系统中引入了一个辅助微波场，功率约为 $0.16mW$，可以观察到明显的 AT 分裂，如双点划线所示。其中辅助微波场的强度可以在单微波情况下，通过测量 AT 分裂间隔获得。通过辅助

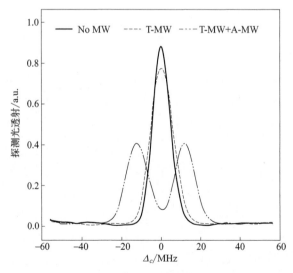

图 5.7 不同微波场辅助下的里德堡 EIT 光谱

无微波场时的里德堡 EIT 光谱（实线）；目标微波场功率为 $0.02mW$ 时的里德堡 EIT-ATS 光谱（虚线）；辅助微波场功率为 $0.16mW$，目标微波场功率 为 $0.02mW$ 时的里德堡 EIT-ATS 光谱（双点划线）

微波场和目标微波场的作用，由式(5.5)可以推导出目标微波场的强度 E_T

约为 $0.17\mathrm{mV}\cdot\mathrm{cm}^{-1}$，与通过理论公式 $E_{cal}=\sqrt{\dfrac{30G\alpha_l P_{MW}}{d^2}}$ 预测的结果一

致[66,78]。式中，G 为喇叭天线的增益；P_{MW} 为 SG 的输出功率；α_l 为 SG 与喇叭天线之间的插入损耗系数；d 为喇叭天线与铷蒸气池之间的距离。当设置功率 P_{MW} 大于 $-10\mathrm{dBm}$ 时，不确定度约为 $0.6\mathrm{dB}$；当设置功率 $-50\mathrm{dBm}<P_{MW}<-10\mathrm{dBm}$ 时，不确定度约为 $0.8\mathrm{dB}$。总的来说，在相同的实验条件下，通过引入辅助微波场，可以实现原本无法测的目标微波场强的测量。

辅助微波场和目标微波场之间合适的功率比是有效读取 E_T 的先决条件。图 5.8 详细研究了辅助微波场和目标微波场之间功率比值对目标电场强度测量的影响。我们定义 $10\log(P_A/P_T)$ 为辅助微波场和目标微波场之间的功率增益因子 k，其中 P_A 和 P_T 分别为辅助微波场和目标微波场的场强。目标微波场的 P_T 的工作功率约为 $0.032\mu\mathrm{W}$，其他实验条件与图 5.7 实线情况相同。图中不同的曲线是功率增益因子 k 不同时的里德堡 EIT-ATS 光谱，圆点表示 k 值从 29 到 49 范围内目标微波场的场强 E_T 测

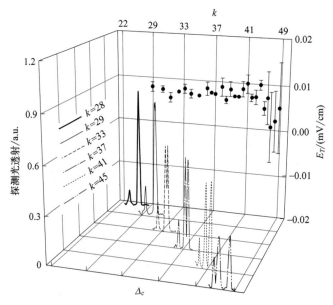

图 5.8　不同功率增益因子 k 时，里德堡 EIT-ATS 光谱随耦合光频率的变化

圆点为目标微波场的电场强度 E_T 在不同功率增益系数 k 情况下的测量结果。

误差条表示三次测量的标准差

量结果。根据测量结果发现，当 $k<29$ 时，太弱的微波场强会导致里德堡 EIT-ATS 光谱中 ATS 的频率分裂间隔难以分辨，目标微波场的电场强度 E_T 在此种条件下无法测量。当 $k>45$ 时，过强的微波场强会导致复杂的里德堡 EIT-ATS 光谱，导致目标微波场电场强度的测量结果误差极大，E_T 的测量结果失去可信度[126,152]。对于这两种情况，都不能有效地提取 AT 分裂区间 Δf。

5.2.4　双微波辅助的微波场强测量

进一步测量一系列不同功率目标微波电场条件下的 ATS 频率间隔 Δf，以确定目标微波场电场强度的可测量范围，如图 5.9(a) 所示。探测激光和耦合激光的功率仍然设定为 $12\mu W$ 和 $20mW$。图中圆点和三角形分别为无辅助微波场和有辅助微波场时目标微波场强度 E_T 测量结果，此时辅助微波场的功率保持为 $P_A=0.025mW$。从图中可以清晰地看到 $\sqrt{P_T}$ 和 Δf 的线性关系。通过公式 $E_{cal}=\sqrt{\dfrac{30G\alpha_l P_{MW}}{d^2}}$，对实验结果进行理论模拟（曲线），这进一步验证了实验的结果。当 $P_T<0.02mW$，$P_A=0.025mW$ 时，无法有效识别并提取 Δf，进而无法实现目标微波场的场强 E_T 测量。与此不同的是，通过辅助微波场的引入可以增大里德堡 EIT 光谱的 AT 分裂的大小，扩大目标微波场场强 E_T 的可探测范围，如从图 5.9(b) 中的方框中的局部图可以看到，根据公式(5.5)提取的 AT 分裂频率间隔 Δf_T 与理论计算结果吻合得很好。通过计算，该方法最小可探测的目标微波场场强 E_T 约为 $6.71\mu V\cdot cm^{-1}$，超过了在相同条件下的单微波电场测量系统值（$0.19mV\cdot cm^{-1}$）。由微波场测量灵敏度公式 $S=E_{min}/\sqrt{Hz}$（E_{min} 是最小可探测的微波场强度）计算可得，相比于无辅助微波场的四能级系统，该方法的微波电场测量灵敏度 S 提高了大约 33 倍[81]。此外，图 5.9(b) 所示的线性行为表明，在引入辅助微波场的作用下，并没有引入额外的干扰项，这避免了双微波光子非线性效应对测量结果的影响。此外，为了对微波场的测量结果进行评估，我们计算了每一组数据的相对测量不确定度 D_{rel}，定义为比值 $D_{rel}=(E_T-E_{cal})/E_{cal}$。如图 5.9(c) 所示，测量结果表明，每一组目标微波场的电场强度 E_T 的测量不确定度 D_{rel} 小于 1%。

为了检验该方法对不同频率微波的适用性，我们选择了 $53D_{5/2}$ 到

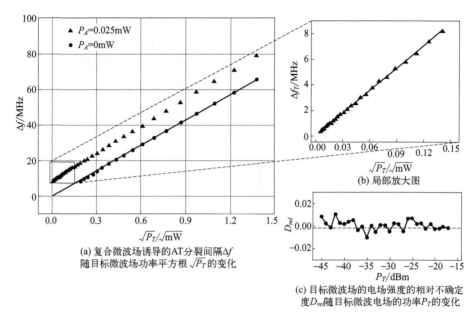

（b）局部放大图

（c）目标微波场的电场强度的相对不确定
度D_{rel}随目标微波电场的功率P_T的变化

图 5.9　双微波辅助的微波场强测量

图中圆点和三角形分别代表无辅助微波场和有辅助微波场（$P_A=0.025\text{mW}$）时的目标微波场强度

E_T测量结果，黑线是理论计算结果。误差代表三次测量值的标准差

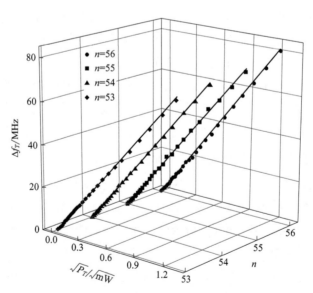

图 5.10　不同主量子数n情况下，提取的 AT 分裂间隔 Δf_T 随目标

微波场功率平方根$\sqrt{P_T}$ 的变化

对应形状的点表示 $P_A=0.025\text{mW}$ 时不同 n 值 Δf_T 的测量结果，

对应的线表示理论计算结果。误差条表示三次测量的标准差

$56D_{5/2}$ 的 4 个不同里德堡态进行类似的测量，如图 5.10 所示。除了里德堡态外，实验条件与图 5.9(a) 中三角形相同的条件相同。菱形点、三角形点、方形点、圆形点分别对应主量子数 $n=53$、54、55、56 时目标微波电场强度 E_T 的测量结果。相应的曲线为理论拟合结果，可以发现与实测结果吻合较好。实验结果表明，对于不同的里德堡态，该机制仍然可以有效地读出弱目标微波场强度 E_T，并且具有相同的可检测范围。此外，不同里德堡态的目标微波场的电场强度的相对不确定度 D_{rel} 都小于 1%。因此，该机制适用于里德堡态能级所覆盖的所有频段。

5.3 本章小结与研究展望

在本章工作中，提出了利用双微波缀饰的 EIT 光谱提高微波电场的测量灵敏度的方法。首先，实验上设计了包含探测光、耦合光、微波场（Ⅰ和Ⅱ）的铷原子五能级构型的里德堡原子系统。详细研究了 CPT 对两个微波场的功率和频率失谐的依赖关系，通过相关参数的调控，将里德堡 CPT 效应的转移效率提升至 2.9%。其次，为了保证弱目标微波（目标微波）场的读出强度，利用多微波辅助的量子相干效应实现了里德堡 EIT-ATS 光谱分辨率的提高，当辅助微波场与目标微波场的功率因子设置在 29~45 范围内时，可以实现目标微波场电场强度的有效测量。最终，使用该测量系统的最小可测量场强约为 $6.71\mu\text{V} \cdot \text{cm}^{-1}$，与无辅助微波场情况相比，提高了约 33 倍。本研究为提高基于里德堡原子测量微波电场的灵敏度提供了一种新方法，为构建宽带和高灵敏度量子传感器开拓新的道路。

里德堡原子由于具有大的跃迁偶极矩和大的极化率，对外场极其敏感，在微波场的强度测量方面取得了很大的进展，通过里德堡 EIT 实现了可溯源到国际标准单位制的微弱外场测量。其中大多数基于里德堡原子的微波场强度测量是利用蒸气室中的原子实现的，有科研小组对这种测量方法的不确定因素进行了研究，包括原子蒸气室形状的影响[28]、原子速度变化引起多普勒效应的影响[153] 和 EIT 线宽的影响[75] 等。在热原子系统中，里德堡态相干光谱的不均匀展宽[131,154] 对微波场的测量结果存在一些不确定性影响。此外，直接 SI 可溯源微波测量的精度和分辨率与 EIT 线宽密切相关。通常通过热原子蒸气获得的里德堡 EIT 光谱的线宽约为几兆赫兹[14]。将热原子系统转变到冷原子系统，研究 EIT 线宽对光场强度和 AT 分裂对微波场强度依赖性的关系，发现采用冷原子系统可以消除热原子多普勒展宽效应的影响，获得更窄线宽和更高信噪比的里德堡相干光谱。因此，我们将在超冷原子系统中开展未来的工作，主要工作如下。

① 在超冷原子系统中获得里德堡原子的 EIT 光谱，通过引入微波场与原子系统相互作用，获得超冷里德堡原子的相干光谱。通过优化激光场和微波场的参数，实现更高精度和灵敏度的微波电场测量。

② 在超冷原子系统中，通过微波-光学的激发方式获得 nG，nH，nI 或更高轨道角动量里德堡态的跃迁光谱。通过对激光场和微波场与超冷里德堡原子相互作用的研究，实现对应能级跃迁频率、量子亏损和极化率等基本常数的精密测量。

③ 设计并加工微波谐振腔，利用微波谐振腔的强耦合效应，增强微波场与里德堡原子间的相互作用，这不仅有利于研究微波场与里德堡原子的强相互作用，还可以实现微波电场测量精度和灵敏度的提高。

参考文献

[1] GALLAGHER T F. Rydberg Atoms [M]. Cambridge: Cambridge University Press,1994.

[2] COOKE W E, GALLAGHER T F. Effects of blackbody radiation on highly excited atoms [J]. Physical Review A, 1980, 21 (2): 588-593.

[3] BRANDEN D B, JUHASZ T, MAHLOKOZERA T, et al. Radiative lifetime measurements of rubidium Rydberg states [J]. Journal of Physics B: Atomic, Molecular and Optical Physics, 2010, 43 (1): 015002.

[4] GOUNAND F. Calculation of radial matrix elements and radiative lifetimes for highly excited states of alkali atoms using the Coulomb approximation [J]. Journal De Physique, 1979, 40: 457-460.

[5] LITTMAN M G, METCALF H J. Spectrally narrow pulsed dye laser without beam expander [J]. Applied Optics, 1978, 17 (14): 2224-2227.

[6] HE X H, LI B W, CHEN A Q, et al. Model-potential calculation of lifetimes of Rydberg states of alkali atoms [J]. Journal of Physics B: Atomic, Molecular and Optical Physics, 1990, 23 (4): 661.

[7] BETEROV I I, RYABTSEV I I, TRETYAKOV D B, et al. Quasiclassical calculations of blackbody-radiation-induced depopulation rates and effective lifetimes of Rydberg nS, nP, and nD alkali-metal atoms with n$\leqslant$80 [J]. Physical Review A, 2009, 79 (5): 052504.

[8] WALKER T G, SAFFMAN M. Chapter 2-Entanglement of two atoms using Rydberg blockade [M]. Salt Lake City: Academic Press, 2012: 81-115.

[9] CANO D. Conditional STIRAP based on Rydberg blockade: entanglement fidelities in three-and four-level schemes [J]. Journal of Physics B: Atomic, Molecular and Optical Physics, 2021, 54 (4): 045502.

[10] BETEROV I I. Quantum computers based on cold atoms [J]. Optoelectronics, Instrumentation and Data Processing, 2020, 56 (4): 317-324.

[11] SHI X F. Rydberg quantum gates free from blockade error [J]. Physical Review Applied, 2017, 7 (6): 064017.

[12] ZHAO B, MÜLLER M, HAMMERER K, et al. Efficient quantum repeater based on deterministic Rydberg gates [J]. Physical Review A, 2010, 81 (5): 052329.

[13] MÜLLER M M, PICHLER T, MONTANGERO S, et al. Optimal control for Rydberg quantum technology building blocks [J]. Applied Physics B, 2016, 122 (4): 104.

[14] HOLLOWAY C L, SIMONS M T, GORDON J A, et al. Electric field metrology for SI traceability: Systematic measurement uncertainties in electromagnetically induced transparency in atomic vapor [J]. Journal of Applied Physics, 2017, 121 (23): 717-728.

[15] BAYAT N, MOJABI P. On the use of focused incident near-field beams in microwave imaging [J]. Sensors (Basel), 2018, 18 (9): 3127.

[16] SONG Z, ZHANG W, WU Q, et al. Field distortion and optimization of a vapor cell in Rydberg atom-based radio-frequency electric field measurement [J]. Sensors (Basel), 2018, 18 (10): 3205.

[17] SHI H, MA J, LI X, et al. A quantum-based microwave magnetic field sensor [J]. Sensors (Basel), 2018, 18 (10): 3328.

[18] LI Y, ZAHEERUDDIN S, ZHAO D, et al. Ionization spectroscopic measurement of nP Rydberg levels of [87]Rb cold atoms [J]. Journal of the Physical Society of Japan, 2018, 87 (5): 054301.

[19] LI B, LI M, JIANG X, et al. Optical spectroscopy of nP Rydberg states of [87]Rb atoms with a 297-nm ultraviolet laser [J]. Physical Review A, 2019, 99 (4): 042502.

[20] LI M, LI B, JIANG X, et al. Measurement of [85]Rb nP-state transition frequencies via single-photon Rydberg excitation spectroscopy [J]. Journal of the Optical Society of America B, 2019, 36 (7): 1850-1857.

[21] MACK M, KARLEWSKI F, HATTERMANN H, et al. Measurement of absolute transition frequencies of [87]Rb to nS and nD Rydberg states by means of electromagnetically induced transparency [J]. Physical Review A, 2011, 83 (5): 052515.

[22] SAPIRO R E, RAITHEL G, ANDERSON D A. Time dependence of Rydberg EIT in pulsed optical and RF fields [J]. Journal of Physics B: Atomic, Molecular and Optical Physics, 2020, 53 (9): 094003.

[23] SHENG J, CHAO Y, KUMAR S, et al. Intracavity Rydberg-atom electromagnetically induced transparency using a high-finesse optical cavity [J]. Physical Review A, 2017, 96 (3): 033813.

[24] SU H J, LIOU J Y, LIN I C, et al. Optimizing the Rydberg EIT spectrum in a thermal vapor [J]. Optics Express, 2022, 30 (2): 1499-1510.

[25] TANASITTIKOSOL M, PRITCHARD J D, MAXWELL D, et al. Microwave dressing of Rydberg dark states [J]. Journal of Physics B: Atomic, Molecular and Optical Physics, 2011, 44 (18): 184020.

[26] SEVINÇLI S, POHL T. Microwave control of Rydberg atom interactions [J]. New Journal of Physics, 2014, 16 (12): 123036.

[27] FAN H, KUMAR S, SEDLACEK J, et al. Atom based RF electric field sensing [J]. Journal of Physics B: Atomic, Molecular and Optical Physics, 2015, 48 (20): 202001.

[28] FAN H Q, KUMAR S, KÜBLER H, et al. Dispersive radio frequency electrometry using Rydberg atoms in a prism-shaped atomic vapor cell [J]. Journal of Physics B: Atomic, Molecular and Optical Physics, 2016, 49 (10): 104004.

[29] KWAK H M, JEONG T, LEE Y-S, et al. Microwave-induced three-photon coherence of Rydberg atomic states [J]. Optics Communications, 2016, 380: 168-173.

[30] ANDERSON D A, PARADIS E G, RAITHEL G. A vapor-cell atomic sensor for radio-frequency field detection using a polarization-selective field enhancement resonator [J]. Applied Physics Letters, 2018, 113 (7): 073501.

[31] TATE D A, GALLAGHER T F. Microwave-optical two-photon excitation of Rydberg states [J]. Physical Review A, 2018, 97 (3): 033410.

[32] VOGT T, GROSS C, GALLAGHER T F, et al. Microwave-assisted Rydberg electromagnetically induced transparency [J]. Optics Letters, 2018, 43 (8): 1822-1825.

[33] SANGUINETTI B, MAJEED H O, JONES M L, et al. Precision measurements of quantum defects in the $nP_{3/2}$ Rydberg states of ^{85}Rb [J]. Journal of Physics B: Atomic, Molecular and Optical Physics, 2009, 42 (16): 165004.

[34] JOHNSON L A M, MAJEED H O, SANGUINETTI B, et al. Absolute frequency measurements of ^{85}Rb $nF_{7/2}$ Rydberg states using purely optical detection [J]. New Journal of Physics, 2010, 12 (6): 063028.

[35] HAN J, VOGT T, LI W. Spectral shift and dephasing of electromagnetically induced transparency in an interacting Rydberg gas [J]. Physical Review A, 2016, 94 (4): 043806.

[36] DELLER A, ALONSO A M, COOPER B S, et al. Measurement of Rydberg positronium fluorescence lifetimes [J]. Physical Review A, 2016, 93 (6): 062513.

[37] ROCCO E, PALMER R N, VALENZUELA T, et al. Fluorescence detection at the atom shot noise limit for atom interferometry [J]. New Journal of Physics, 2014, 16 (9): 093046.

[38] SHERSON J F, WEITENBERG C, ENDRES M, et al. Single-atom-resolved fluorescence imaging of an atomic Mott insulator [J]. Nature, 2010, 467 (7311): 68-72.

[39] BRADLEY D J, EWART P, NICHOLAS J V, et al. Excited state absorption spectroscopy of alkaline earths selectively pumped by tunable dye lasers. I. Barium

arc spectra [J]. Journal of Physics B: Atomic and Molecular Physics, 1973, 6 (8): 1594-1602.

[40] BRAY A C, MAXWELL A S, KISSIN Y, et al. Polarization in strong-field ionization of excited helium [J]. Journal of Physics B: Atomic, Molecular and Optical Physics, 2021, 54 (19): 194002.

[41] HABIBOVIĆ D, GAZIBEGOVIĆ-BUSULADŽIĆA, BUSULADŽIĆ M, et al. Strong-field ionization of heteronuclear diatomic molecules using an orthogonally polarized two-color laser field [J]. Physical Review A, 2021, 103 (5): 053101.

[42] THAICHAROEN N, MOORE K R, ANDERSON D A, et al. Electromagnetically induced transparency, absorption, and microwave-field sensing in a Rb vapor cell with a three-color all-infrared laser system [J]. Physical Review A, 2019, 100 (6): 063427.

[43] MORRISON J C. Modern Physics [M]. Boston: Academic Press, 2010, 75-107.

[44] DUCAS T W, LITTMAN M G, FREEMAN R R, et al. Stark ionization of high-lying states of sodium [J]. Physical Review Letters, 1975, 35 (6): 366-369.

[45] ZIMMERMAN M L, LITTMAN M G, KASH M M, et al. Stark structure of the Rydberg states of alkali-metal atoms [J]. Physical Review A, 1979, 20 (6): 2251-2275.

[46] PISHARODY S N, ZEIBEL J G, JONES R R. Imagingatomic Stark spectra [J]. Physical Review A, 2000, 61 (6): 063405.

[47] DUDIN Y O, LI L, BARIANI F, et al. Observation of coherent many-body Rabi oscillations [J]. Nature Physics, 2012, 8 (11): 790-794.

[48] SEDLACEK J A, SCHWETTMANN A, KÜBLER H, et al. Microwave electrometry with Rydberg atoms in a vapour cell using bright atomic resonances [J]. Nature Physics, 2012, 8 (11): 819-824.

[49] MEYER D H, COX K C, FATEMI F K, et al. Digital communication with Rydberg atoms and amplitude-modulated microwave fields [J]. Applied Physics Letters, 2018, 112 (21): 211108.

[50] VOGT T, GROSS C, HAN J, et al. Efficient microwave-to-optical conversion using Rydberg atoms [J]. Physical Review A, 2019, 99 (2): 023832.

[51] JENKINS F A, SEGRÈ E. The quadratic Zeeman effect [J]. Physical Review, 1939, 55 (1): 52-58.

[52] 鲍善霞. 磁场调控的里德堡原子电磁诱导透明光谱 [D]. 山西: 山西大学, 2017.

[53] STEBBINGS R F, DUNNING F B, DUNNING F W. Rydberg states of atoms and molecules [M]. Cambridge: Cambridge University Press, 1983.

[54] TKÁČ O, ŽEŠKO M, AGNER J A, et al. Rydberg states of helium in electric and magnetic fields of arbitrary relative orientation [J]. Journal of Physics B: Atomic, Molecular and Optical Physics, 2016, 49 (10): 104002.

[55] RICHTER K, WINTGEN D, BRIGGS J S. Stark effect on diamagnetic Rydberg states [J]. Journal of Physics B: Atomic and Molecular Physics, 1987, 20 (19): L627-L632.

[56] PARADIS E, ZIGO S, RAITHEL G. Highly polar states of Rydberg atoms in strong magnetic and weak electric fields [J]. Physical Review A, 2013, 87 (1): 012505.

[57] WEI Q, HONG-PING L, LI S, et al. Motional Stark Effect and Its Active Cancellation in Diamagnetic Spectrum of Barium [J]. Chinese Physics Letters, 2007, 24 (3): 672-674.

[58] FONCK R J, ROESLER F L, TRACY D H, et al. Atomic diamagnetism and diamagnetically induced configuration mixing in laser-excited barium [J]. Physical Review Letters, 1978, 40 (3): 201-201.

[59] LU K T, TOMKINS F S, GARTON W R S. Configuration interaction effect on diamagnetic phenomena in atoms: strong mixing and Landau regions [J]. Mathematical and Physical Sciences, 1978, 362 (1710): 421-424.

[60] BAO S, ZHANG H, ZHOU J, et al. Polarization spectra of Zeeman sublevels in Rydberg electromagnetically induced transparency [J]. Physical Review A, 2016, 94 (4): 043822.

[61] LAM M, PAL S B, VOGT T, et al. Collimated UV light generation by two-photon excitation to a Rydberg state in Rb vapor [J]. Optics Letters, 2019, 44 (11): 2931-2934.

[62] HAN J, VOGT T, GROSS C, et al. Coherent microwave-to-optical conversion via six-wave mixing in Rydberg atoms [J]. Physical Review Letters, 2018, 120 (9): 093201.

[63] DEB A B, KJAERGAARD N. Radio-over-fiber using an optical antenna based on Rydberg states of atoms [J]. Applied Physics Letters, 2018, 112 (21): 211106.

[64] SONG Z, LIU H, LIU X, et al. Rydberg-atom-based digital communication using a continuously tunable radio-frequency carrier [J]. Opt Express, 2019, 27 (6): 8848-8857.

[65] SONG Z, FENG Z, LIU X, et al. Quantum-Based Determination of Antenna Finite Range Gain by Using Rydberg Atoms [J]. IEEE Antennas and Wireless Propagation Letters, 2017, 16: 1589-1592.

[66] SIMONS M T, HADDAB A H, GORDON J A, et al. A Rydberg atom-basedmixer: Measuring the phase of a radio frequency wave [J]. Applied Physics Letters,

2019, 114 (11): 114101.

[67] LI W, MOURACHKO I, NOEL M W, et al. Millimeter-wave spectroscopy of cold Rb Rydberg atoms in a magneto-optical trap: Quantum defects of the ns, np and nd series [J]. Physical Review A, 2003, 67 (5): 052507.

[68] KANDA M. Standard antennas for electromagnetic interference measurements and methods to calibrate them [J]. IEEE Transactions on Electromagnetic Compatibility, 1994, 36 (4): 261-273.

[69] WANG C, ZHANG M, STERN B, et al. Nanophotonic lithium niobate electro-optic modulators [J]. Optics Express, 2018, 26 (2): 1547-1555.

[70] FAN H Q, KUMAR S, DASCHNER R, et al. Subwavelength microwave electric-field imaging using Rydberg atoms inside atomic vapor cells [J]. Optics Letters, 2014, 39 (10): 3030-3033.

[71] SIMONS M T, GORDON J A, HOLLOWAY C L. Simultaneous use of Cs and Rb Rydberg atoms for dipole moment assessment and RF electric field measurements via electromagnetically induced transparency [J]. Journal of Applied Physics, 2016, 120 (12): 123103.

[72] KUMAR S, FAN H, KUBLER H, et al. Atom-based sensing of weak radio frequency electric fields using homodyne readout [J]. Scientific Reports, 2017, 7: 42981.

[73] HOLLOWAY C L, SIMONS M T, KAUTZ M D, et al. A quantum-based power standard: Using Rydberg atoms for a SI-traceable radio-frequency power measurement technique in rectangular waveguides [J]. Applied Physics Letters, 2018, 113 (9): 094101.

[74] GORDON J A, SIMONS M T, HADDAB A H, et al. Weak electric-field detection with sub-1 Hz resolution at radio frequencies using a Rydberg atom-based mixer [J]. AIP Advances, 2019, 9 (4): 045030.

[75] LIAO K-Y, TU H-T, YANG S-Z, et al. Microwave electrometry via electromagnetically induced absorption in cold Rydberg atoms [J]. Physical Review A, 2020, 101 (5): 053432.

[76] JIA F-D, LIU X-B, MEI J, et al. Span shift and extension of quantum microwave electrometry with Rydberg atoms dressed by an auxiliary microwave field [J]. Physical Review A, 2021, 103 (6): 063113.

[77] HOLLOWAY C, SIMONS M, HADDAB A H, et al. A multiple-band Rydberg atom-based receiver: AM/FM stereo reception [J]. IEEE Antennas and Propagation Magazine, 2021, 63 (3): 63-76.

[78] ANDERSON D A, SAPIRO R E, RAITHEL G. Rydberg Atoms for Radio-Frequency Communications and Sensing: Atomic Receivers for Pulsed RF Field and

Phase Detection [J]. IEEE Aerospace and Electronic Systems Magazine, 2020, 35 (4): 48-56.

[79] SIMONS M T, HADDAB A H, GORDON J A, et al. Embedding a Rydberg atom-based sensor Into an antenna for phase and amplitude detection of radio-frequency fields and modulated signals [J]. IEEE Access, 2019, 7: 164975-164985.

[80] YANG A, PENG Y, ZHOU W, et al. Microwave electric-field measurement with active Raman gain [J]. Journal of the Optical Society of America B, 2019, 36 (8): 2134-2139.

[81] JING M, HU Y, MA J, et al. Atomic superheterodyne receiver based on microwave-dressed Rydberg spectroscopy [J]. Nature Physics, 2020, 16 (9): 911.

[82] DING D S, LIU Z K, SHI B S, et al. Enhanced metrology at the critical point of a many-body Rydberg atomic system [J]. Nature Physics, 2022, 18 (12): 1447-1452.

[83] YANG W, JING M, ZHANG H, et al. Enhancing the Sensitivity of Atom-Based Microwave-Field Electrometry Using a Mach-Zehnder Interferometer [J]. Physical Review Applied, 2023, 19 (6): 064021.

[84] CAI M, YOU S, ZHANG S, et al. Sensitivity extension of atom-based amplitude-modulation microwave electrometry via high Rydberg states [J]. Applied Physics Letters, 2023, 122 (16): 161103.

[85] STOICHEFF B P, WEINBERGER E. Doppler-free two-photon absorption spectrum of rubidium [J]. Canadian Journal of Physics, 1979, 57 (12): 2143-2154.

[86] LORENZEN C J, NIEMAX K. Quantum defects of the $n^2 P_{1/2,3/2}$ levels in $^{39}K_I$ and $^{85}Rb_I$[J]. Physica Scripta, 1983, 27 (4): 300-305.

[87] SANSONETTI C J, WEBER K H. High-precision measurements of Doppler-free two-photon transitions in Rb: new values for proposed dye-laser reference wavelengths [J]. Journal of the Optical Society of America B, 1985, 2 (9): 1385-1391.

[88] LEE J, NUNKAEW J, GALLAGHER T F. Microwave spectroscopy of the cold rubidium $(n+1)D_{5/2} \rightarrow nG$ and nh transitions [J]. Physical Review A, 2016, 94 (2): 022505.

[89] MOORE K, DUSPAYEV A, CARDMAN R, et al. Measurement of the Rbg-series quantum defect using two-photon microwave spectroscopy [J]. Physical Review A, 2020, 102 (6): 062817.

[90] BERL S J, SACKETT C A, GALLAGHER T F, et al. Core polarizability of rubidium using spectroscopy of the nG to nH, ni Rydberg transitions [J]. Physical Review A, 2020, 102 (6): 062818.

[91] HAN J, JAMIL Y, NORUM D V L, et al. Gallagher T F. Rb nf quantum defects from millimeter-wave spectroscopy of cold ^{85}Rb Rydberg atoms [J]. Physical Review A, 2006, 74 (5): 054502.

[92] MORGAN A A, HOGAN S D. Coupling Rydberg atoms to microwave fields in a superconducting coplanar waveguide resonator [J]. Physical Review Letters, 2020, 124 (19): 193604.

[93] RAMOS A, CARDMAN R, RAITHEL G. Measurement of the hyperfine coupling constant for $nS_{1/2}$ Rydberg states of ^{85}Rb [J]. Physical Review A, 2019, 100 (6): 062515.

[94] SOMMERFELD A. Zur quantentheorie der spektrallinien [J]. Annalen der Physik, 1916, 356 (17): 1-94.

[95] JAFFÉ C, REINHARDT W P. Semiclassical theory of quantum defects: Alkali Rydberg states [J]. The Journal of Chemical Physics, 1977, 66 (3): 1285-1289.

[96] SEATON M J. Quantum defect theory [J]. Reports on Progress in Physics, 1983, 46 (2): 167-257.

[97] SCHÖNFELD E, WILDE P. Electron and fine structure constant II [J]. Metrologia, 2008, 45 (3): 342-355.

[98] LI X M, RUAN Y P, ZHONG Z P. Theoretical study of the Rydberg series energy levels of $ns^2 S_{1/2}$, $np^2 P_{1/2,3/2}$, $nd^2 D_{3/2,5/2}$ and $nf^2 F_{5/2,7/2}$ for alkali-metal Li, Na, K, Rb, Cs and Fr [J]. Acta Physica Sinica, 2012, 61 (2): 023104.

[99] 王杰英. 319 nm 紫外激光系统研制及其在铯原子单步里德堡激发实验中的应用 [D]. 太原: 山西大学, 2018.

[100] PRESS W H, TEUKOLSKY S A, VETTERLING W T, Flannery B P. Numerical Recipes in FORTRAN: The Art of Scientific Computing [M]. Cambridge: Cambridge University Press, 1993.

[101] BHATTI S A, CROMER C L, COOKE W E. Analysis of the Rydberg character of the $5d7d^1 D_2$ state of barium [J]. Physical Review A, 1981, 24 (1): 161-165.

[102] PINDZOLA M S, ROBICHEAUX F, LOCH S D, et al. Electron-impact ionization of H_2 using a time-dependent close-coupling method [J]. Physical Review A, 2006, 73 (5): 052706.

[103] ŠIBALIĆ N, PRITCHARD J D, ADAMS C S, et al. ARC: An open-source library for calculating properties of alkali Rydberg atoms [J]. Computer Physics Communications, 2017, 220: 319-331.

[104] FLEISCHHAUER M, IMAMOGLU A, MARANGOS J P. Electromagnetically induced transparency: Optics in coherent media [J]. Reviews of Modern Phys-

ics，2005，77（2）：633-673.

[105] PENG Y，WANG J，YANG A，et al. Cavity-enhanced microwave electric field measurement using Rydberg atoms [J]. Journal of the Optical Society of America B，2018，35（9）：2272-2277.

[106] 汪金陵. 光学腔增强的里德堡原子微波电场测量研究 [D]. 青岛：山东科技大学，2020.

[107] ROBINSON A K，ARTUSIO-GLIMPSE A B，SIMONS M T，et al. Atomic spectra in a six-level scheme for electromagnetically induced transparency and Autler-Townes splitting in Rydberg atoms [J]. Physical Review A，2021，103（2）：023704.

[108] RAG H S，GEA-BANACLOCHE J. Atomic population transfer for single-and N-photon wavepackets [J]. Journal of the Optical Society of America B，2020，38（1）：226-232.

[109] GU Y，WANG L，WANG K，et al. Coherent population trapping and electromagnetically induced transparency in a five-levelM-type atom [J]. Journal of Physics B：Atomic，Molecular and Optical Physics，2006，39（3）：463-471.

[110] SAFFMAN M，WALKER T G，MØLMER K. Quantum information with Rydberg atoms [J]. Reviews of Modern Physics，2010，82（3）：2313-2363.

[111] PARKER R H，YU C，ZHONG W，et al. Measurement of the fine-structure constant as a test of the Standard Model [J]. Science，2018，360（6385）：191-195.

[112] YUAN J，ZHANG H，WU C，et al. Tunable optical vortex array in a two-dimensional electromagnetically induced atomic lattice [J]. Optics Letters，2021，46（17）：4184-4187.

[113] HUANG P W，TANG B，CHEN X，et al. Accuracy and stability evaluation of the 85Rb atom gravimeter WAG-H5-1 at the 2017 International Comparison of Absolute Gravimeters [J]. Metrologia，2019，56（4）：045012.

[114] GORDON J A，HOLLOWAY C L，SCHWARZKOPF A，et al. Millimeter wave detection via Autler-Townes splitting in rubidium Rydberg atoms [J]. Applied Physics Letters，2014，105（2）：024104.

[115] SAFINYA K A，DELPECH J F，GOUNAND F，et al. Resonant Rydberg-atom-Rydberg-atom collisions [J]. Physical Review Letters，1981，47（6）：405-408.

[116] YUAN J，DONG S，ZHANG H，et al. Efficient all-optical modulator based on a periodic dielectric atomic lattice [J]. Optics Express，2021，29（2）：2712.

[117] AL-AWFI S，BOUGOUFFA S. Quadrupole interaction of non-diffracting beams with two-level atoms [J]. Results in Physics，2019，12：1357-1362.

[118] TONG D, FAROOQI S M, STANOJEVIC J, et al. Local blockade of Rydberg excitation in an ultracold gas [J]. Physical Review Letters, 2004, 93 (6): 063001.

[119] CAROLLO R A, CARINI J L, EYLER E E, et al. High-resolution spectroscopy of Rydberg molecular states of ^{85}Rb$_2$ near the $5s+7p$ asymptote [J]. Physical Review A, 2017, 95 (4): 042516.

[120] GREGORIC V C, BENNETT J J, GUALTIERI B R, et al. Improving the state selectivity of field ionization with quantum control [J]. Physical Review A, 2018, 98 (6): 063404.

[121] SEDLACEK J A, SCHWETTMANN A, KUBLER H, et al. Atom-based vector microwave electrometry using rubidium Rydberg atoms in a vapor cell [J]. Physical Review Letters, 2013, 111 (6): 063001.

[122] DEB A B, KJAERGAARD N. Radio-over-fiber using an optical antenna based on Rydberg states of atoms [J]. Applied Physics Letters, 2018, 112 (21): 211106.

[123] HOLLOWAY C L, SIMONS M T, HADDAB A H, et al. A "real-time" guitar recording using Rydberg atoms and electromagnetically induced transparency: Quantum physics meets music [J]. AIP Advances, 2019, 9 (6): 065110.

[124] VAN DEN BIGGELAAR A J, GELUK S J, JAMROZ B F, et al. Accurate gain measurement technique for limited antenna separations [J]. IEEE Transactions on Antennas and Propagation, 2021, 69 (10): 6772-6782.

[125] GALLAGHER T F, HILL R M, EDELSTEIN S A. Resonance measurements of d-f-g-h splittings in highly excited states of sodium [J]. Physical Review A, 1976, 14 (2): 744-750.

[126] ANDERSON D A, SCHWARZKOPF A, MILLER S A, et al. Two-photon microwave transitions and strong-field effects in a room-temperature Rydberg-atom gas [J]. Physical Review A, 2014, 90 (4): 043419.

[127] PEPER M, HELMRICH F, BUTSCHER J, et al. Precision measurement of the ionization energy and quantum defects of ^{39}K$_I$ [J]. Physical Review A, 2019, 100 (1): 012501.

[128] HAN J, VOGT T, MANJAPPA M, et al. Lensing effect of electromagnetically induced transparency involving a Rydberg state [J]. Physical Review A, 2015, 92 (6): 063824.

[129] KIFFNER M, FEIZPOUR A, KACZMAREK K T, et al. Two-way interconversion of millimeter-wave and optical fields in Rydberg gases [J]. New Journal of Physics, 2016, 18 (9): 093030.

[130] RUEDA A, SEDLMEIR F, COLLODO M C, et al. Efficient microwave to optical photon conversion: an electro-optical realization [J]. Optica, 2016, 3

(6): 597.

[131] HOLLOWAY C L, GORDON J A, JEFFERTS S, et al. Broadband Rydberg atom-based electric-field probe for SI-traceable, self-calibrated measurements [J]. IEEE Transactions on Antennas and Propagation, 2014, 62 (12): 6169-6182.

[132] HOLLOWAY C L, SIMONS M T, GORDON J A, et al. Atom-based RF electric field metrology: From self-calibrated measurements to subwavelength and near-field imaging [J]. IEEE Transactions on Electromagnetic Compatibility, 2017, 59 (2): 717-728.

[133] LIU X, JIA F, ZHANG H, et al. Using amplitude modulation of the microwave field to improve the sensitivity of Rydberg-atom based microwave electrometry [J]. AIP Advances, 2021, 11 (8): 085127.

[134] SIMONS M T, GORDON J A, HOLLOWAY C L, et al. Using frequency detuning to improve the sensitivity of electric field measurements via electromagnetically induced transparency and Autler-Townes splitting in Rydberg atoms [J]. Applied Physics Letters, 2016, 108 (17): 174101.

[135] HAO L, XUE Y, FAN J, et al. Nonlinearity of microwave electric field coupled Rydberg electromagnetically induced transparency and Autler-Townes splitting [J]. Applied Sciences, 2019, 9 (8): 1720.

[136] 周炳琨, 高以智, 陈倜嵘, 等. 激光原理 [M]. 北京: 国防工业出版社, 2013.

[137] PEDROTTI F L, PEDROTTI L M, PEDROTTI L S. Introduction to Optics [M]. 3 ed. Cambridge: Cambridge University Press, 2017.

[138] CHILDS K A J J, OTTESON M S, DASARI R R, et al. Normal mode line shapes for atoms in standing-wave optical resonators [J]. Physical Review Letters, 1996, 77 (14): 2901-2904.

[139] MIKHAIL D, LUKIN M F, MARLAN O. Scully. Intracavity electromagnetically induced transparency [J]. Optics Letters, 1998, 23 (4): 295-297.

[140] HERNANDEZ G, ZHANG J, ZHU Y. Vacuum Rabi splitting and intracavity dark state in a cavity-atom system [J]. Physical Review A, 2007, 76 (5): 053814.

[141] LI T, ZHOU H T, LI Z H, et al. Enhanced vacuum Rabi splitting and double dark states in a composite atom-cavity system [J]. Frontiers of Physics in China, 2009, 4 (2): 209-213.

[142] XIAO H W A M. Cavity linewidth narrowing and broadening due to competing linear and nonlinear dispersions [J]. Optics Letters, 2007, 32 (21): 3122-3124.

[143] PENG Y, JIN L, NIU Y, et al. Tunable ultranarrow linewidth of a cavity induced by interacting dark resonances [J]. Journal of Modern Optics, 2010, 57

(8)：641-645.

[144] NINGYUAN J, GEORGAKOPOULOS A, RYOU A, et al. Observation and characterization of cavity Rydberg polaritons [J]. Physical Review A, 2016, 93 (4)：041802.

[145] KUMAR S, FAN H, KUBLER H, et al. Rydberg-atom based radio-frequency electrometry using frequency modulation spectroscopy in room temperature vapor cells [J]. Optics Express, 2017, 25 (8)：8625-8637.

[146] JIA F, ZHANG J, ZHANG L, et al. Frequency stabilization method for transition to a Rydberg state using Zeeman modulation [J]. Applied Optics, 2020, 59 (7)：2108-2113.

[147] LI S, YUAN J, WANG L. Improvement of microwave electric field measurement sensitivity via multi-carrier modulation in Rydberg atoms [J]. Applied Sciences, 2020, 10 (22)：8110.

[148] ZHANG L J, JING M Y, GUO L P, et al. Detuning radio-frequency electrometry using Rydberg atoms in a room-temperature vapor cell [J]. Laser Physics, 2019, 29：035701.

[149] LI S, YUAN J, WANG L, et al. Enhanced microwave electric field measurement with cavity-assisted Rydberg electromagnetically induced transparency [J]. Frontiers in Physics, 2022, 10：846687.

[150] SIMONS M T, ARTUSIO-GLIMPSE A B, HOLLOWAY C L, et al. Continuous radio-frequency electric-field detection through adjacent Rydberg resonance tuning [J]. Physical Review A, 2021, 104 (3)：032824.

[151] LI W, DU J, LAM M, et al. Telecom-wavelength spectra of a Rydberg state in ahot vapor [J]. Opt Lett, 2022, 47 (17)：4399-4402.

[152] ANDERSON D A, MILLER S A, RAITHEL G, et al. Optical measurements of strong microwave fields with Rydberg atoms in a vapor cell [J]. Physical Review Applied, 2016, 5 (3)：034003.

[153] SIMONS M T, KAUTZ M D, HOLLOWAY C L, et al. Electromagnetically induced transparency (EIT) and Autler-Townes (AT) splitting in the presence of band-limited white Gaussian noise [J]. Journal of Applied Physics, 2018, 123 (20)：203105.

[154] MOHAPATRA A K, JACKSON T R, ADAMS C S. Coherent optical detection of highly excited Rydberg states using electromagnetically induced transparency [J]. Physical Review Letters, 2007, 98 (11)：113003.